重庆市园林绿化工程
计价定额

CQYLLHDE—2018

批准部门：重庆市城乡建设委员会

主编部门：重庆市城乡建设委员会

主编单位：重庆市建设工程造价管理总站

参编单位：重庆市动物园管理处

重庆市花木公司

施行日期：2018年8月1日

重庆大学出版社

图书在版编目(CIP)数据

重庆市园林绿化工程计价定额 / 重庆市建设工程造价管理总站主编. ——重庆 : 重庆大学出版社,2018.7(2019.2 重印)

ISBN 978-7-5689-1223-5

Ⅰ.①重… Ⅱ.①重… Ⅲ.①园林—绿化—工程造价—重庆 Ⅳ.①TU986.3

中国版本图书馆 CIP 数据核字(2018)第 141106 号

重庆市园林绿化工程计价定额

CQYLLHDE—2018

重庆市建设工程造价管理总站 主编

责任编辑:张 婷 版式设计:张 婷

责任校对:刘 刚 责任印制:张 策

*

重庆大学出版社出版发行

出版人:易树平

社址:重庆市沙坪坝区大学城西路 21 号

邮编:401331

电话:(023) 88617190 88617185(中小学)

传真:(023) 88617186 88617166

网址:http://www.cqup.com.cn

邮箱:fxk@cqup.com.cn (营销中心)

全国新华书店经销

重庆市正前方彩色印刷有限公司印刷

*

开本:890mm×1240mm 1/16 印张:8.5 字数:271 千

2018 年 7 月第 1 版 2019 年 2 月第 2 次印刷

ISBN 978-7-5689-1223-5 定价:30.00 元

前　言

为合理确定和有效控制工程造价，提高工程投资效益，维护发承包人合法权益，促进建设市场健康发展，我们组织重庆市建设、设计、施工及造价咨询企业，编制了2018年《重庆市园林绿化工程计价定额》CQYLLHDE—2018。

在执行过程中，请各单位注意积累资料，总结经验，如发现需要修改和补充之处，请将意见和有关资料提交至重庆市建设工程造价管理总站（地址：重庆市渝中区长江一路58号），以便及时研究解决。

领导小组

组　　长：乔明佳

副 组 长：李　明

成　　员：夏太凤　张　琦　罗天菊　杨万洪　冉龙彬　刘　洁　黄　刚

综 合 组

组　　长：张　琦

副 组 长：杨万洪　冉龙彬　刘　洁　黄　刚

成　　员：刘绍均　邱成英　傅　煜　娄　进　王鹏程　吴红杰　任玉兰
黄　怀　李　莉

编 制 组

组　　长：王鹏程

编制人员：方　勤　彭俊筑

材 料 组

组　　长：邱成英

编制人员：徐　进　吕　静　李现峰　刘　芳　刘　畅　唐　波　王　红

审查专家：江　丰　谢德超　张新全　任作富　王小群　陈家玉　冯大成
阳光惠　余　新　詹　靖　段杨阳　雷　敏　邓国瑜

计算机辅助：成都鹏业软件股份有限公司　杨　浩　张福伦

重庆市城乡建设委员会

渝建〔2018〕200 号

重庆市城乡建设委员会
关于颁发 2018 年《重庆市房屋建筑与装饰工程计价定额》
等定额的通知

各区县(自治县)城乡建委，两江新区、经开区、高新区、万盛经开区、双桥经开区建设局，有关单位：

为合理确定和有效控制工程造价，提高工程投资效益，规范建设市场计价行为，推动建设行业持续健康发展，结合我市实际，我委编制了 2018 年《重庆市房屋建筑与装饰工程计价定额》、《重庆市仿古建筑工程计价定额》、《重庆市通用安装工程计价定额》、《重庆市市政工程计价定额》、《重庆市园林绿化工程计价定额》、《重庆市构筑物工程计价定额》、《重庆市城市轨道交通工程计价定额》、《重庆市爆破工程计价定额》、《重庆市房屋修缮工程计价定额》、《重庆市绿色建筑工程计价定额》和《重庆市建设工程施工机械台班定额》、《重庆市建设工程施工仪器仪表台班定额》、《重庆市建设工程混凝土及砂浆配合比表》(以上简称 2018 年计价定额)，现予以颁发，并将有关事宜通知如下：

一、2018 年计价定额于 2018 年 8 月 1 日起在新开工的建设工程中执行，在此之前已发出招标文件或已签订施工合同的工程仍按原招标文件或施工合同执行。

二、2018 年计价定额与 2018 年《重庆市建设工程费用定额》配套执行。

三、2008 年颁发的《重庆市建筑工程计价定额》、《重庆市装饰工程计价定额》、《重庆市安装工程计价定额》、《重庆市市政工程计价定额》、《重庆市仿古建筑及园林工程计价定额》、《重庆市房屋修缮工程计价定额》，2011 年颁发的《重庆市城市轨道交通工程计价定额》，2013 年颁发的《重庆市建筑安装工程节能定额》，以及有关配套定额、解释和规定，自 2018 年 8 月 1 日起停止使用。

四、2018 年计价定额由重庆市建设工程造价管理总站负责管理和解释。

重庆市城乡建设委员会

2018 年 5 月 2 日

目　录

D 措施项目

附录

总　说　明

一、《重庆市园林绿化工程计价定额》（以下简称本定额）是根据《仿古建筑及园林工程预算定额》（建标字第〔1988〕451 号）、《园林绿化工程工程量计算规范》（GB 50858－2013）、《重庆市建设工程工程量计算规则》（CQJLGZ－2013）、《重庆市仿古建筑及园林工程计价定额》（CQFGYLDE－2008）、现行有关设计规范、施工验收规范、质量评定标准、国家产品标准、安全操作规程等相关规定，并参考了行业、地方标准及代表性的设计、施工等资料，结合本市实际情况进行编制的。

二、本定额适用于本市行政区域内的新建、扩建、改建的园林绿化工程。

三、本定额是本市行政区域内国有资金投资的建设工程编制和审核施工图预算、招标控制价（最高投标限价）、工程结算的依据，是编制投标报价的参考，也是编制概算定额和投资估算指标的基础。

非国有资金投资的建设工程可参照本定额规定执行。

四、本定额按正常施工条件，大多数施工企业采用的施工方法、机械化程度和合理的劳动组织及工期进行编制的，反映了社会平均人工、材料、机械消耗水平。本定额中的人工、材料、机械消耗量除规定允许调整外，均不得调整。

五、本定额综合单价是指完成一个规定计量单位的分部分项工程项目或措施项目所需的人工费、材料费、施工机具使用费、企业管理费、利润及一般风险费。综合单价计算程序见下表：

定额综合单价计算程序表

序号	费用名称	计费基础
		定额人工费
	定额综合单价	1＋2＋3＋4＋5＋6
1	定额人工费	
2	定额材料费	
3	定额施工机具使用费	
4	企业管理费	1×费率
5	利润	1×费率
6	一般风险费	1×费率

（一）人工费

本定额人工以工种综合工表示，内容包括基本用工、超运距用工、辅助用工、人工幅度差，定额人工按 8 小时工作制计算。

定额人工单价为：土石方综合工 100 元/工日，混凝土、砌筑、防水综合工 115 元/工日，园林、绿化、模板、金属制安综合工 120 元/工日，管工、木工、抹灰、油漆、安装综合工 125 元/工日，镶贴综合工 130 元/工日。

（二）材料费

1.本定额材料消耗量已包括材料、成品、半成品的净用量以及从工地仓库、现场堆放地点或现场加工地点至操作或安装地点的运输损耗、施工操作损耗、施工现场堆放损耗。

2.本定额材料已包括施工中消耗的主要材料、辅助材料和零星材料，辅助材料和零星材料合并为其他材料费。

3.本定额园路、园桥及园林景观工程已包括材料、成品、半成品从工地仓库、现场堆放地点或现场加工地点至操作或安装地点的水平运输。

4.本定额已包括工程施工的周转性材料 30km 以内，从甲工地（或基地）至乙工地的搬迁运输费和场内运输费。

5.本定额花木材料未列出，材料消耗量用“（）”表示的材料为未计价材料，均未计入定额综合单价，未计价材料费另行计算。

（三）施工机具使用费

1.本定额不包括机械原值（单位价值）在 2000 元以内、使用年限在一年以内、不构成固定资产的工具用具性小型机械费用，该"工具用具使用费"已包含在企业管理费用中，但其消耗的燃料动力已列入材料内。

2.本定额已包括工程施工的中小型机械的 30km 以内，从甲工地（或基地）至乙工地的搬迁运输费和场内运输费。

（四）企业管理费、利润

本定额企业管理费、利润的费用标准是按《重庆市建设工程费用定额》规定专业工程取定的，使用时不作调整。

<table>
<tr><th colspan="2">定额章节</th><th>取费专业</th></tr>
<tr><td rowspan="3">A 绿化工程</td><td>A.1 绿地整理</td><td rowspan="3">绿化工程</td></tr>
<tr><td>A.2 栽植花木</td></tr>
<tr><td>A.3 绿地喷灌</td></tr>
<tr><td rowspan="2">B 园路、园桥工程</td><td>B.1 园路、园桥工程</td><td rowspan="2">园林工程</td></tr>
<tr><td>B.2 驳岸、护岸</td></tr>
<tr><td rowspan="7">C 园林景观工程</td><td>C.1 堆塑假山</td><td rowspan="7">园林工程</td></tr>
<tr><td>C.2 原木、竹构件</td></tr>
<tr><td>C.3 亭廊屋面</td></tr>
<tr><td>C.4 花架</td></tr>
<tr><td>C.5 园林桌椅</td></tr>
<tr><td>C.6 喷泉安装</td></tr>
<tr><td>C.7 杂项</td></tr>
<tr><td rowspan="2">D 措施项目</td><td>D.1 树木支撑架、草绳绕树干、搭设遮阴（防寒）棚工程</td><td>绿化工程</td></tr>
<tr><td>D.2 围堰、排水工程</td><td>园林工程</td></tr>
</table>

（五）一般风险费

本定额包含了《重庆市建设工程费用定额》所指的一般风险费，使用时不作调整。

六、人工、材料、机械燃料动力价格调整：本定额人工、材料、成品、半成品和机械燃料动力价格，是以定额编制期市场价格确定的，建设项目实施阶段市场价格与定额价格不同时，可参照建设工程造价管理机构发布的工程所在地的信息价格或市场价格进行调整，价差不作为计取企业管理费、利润、一般风险费的计费基础。

七、本定额的自拌混凝土强度等级、砌筑砂浆强度等级、抹灰砂浆配合比以及砂石品种，如设计与定额不同时，应根据设计和施工规范要求，按"混凝土及砂浆配合比表"进行换算，但粗骨料的粒径规格不作调整。

八、本定额中所采用的水泥强度等级是根据市场生产与供应情况和施工操作规程考虑的，施工中实际采用水泥强度等级不同时不作调整。

九、本定额特、大型机械进出场中已综合考虑了运输道路等级、重车上下坡等多种因素，但不包括过路费、过桥费和桥梁加固、道路拓宽、道路修整等费用，发生时另行计算。

十、本定额未编制的绿色建筑定额项目，按《重庆市绿色建筑工程计价定额》执行。

十一、本定额的缺项，按其他专业计价定额相关项目执行；再缺项时，由建设、施工、监理单位共同编制一次性补充定额。

十二、本定额的工作内容已说明了主要的施工工序，次要工序虽未说明，但均已包括在内。

十三、本定额中未注明单位的，均以"mm"为单位。

十四、本定额中注有"×××以内"或者"×××以下"者，均包括×××本身；"×××以外"或者"×××以上"者，则不包括×××本身。

十五、本定额总说明未尽事宜，详见各章说明。

A　绿化工程

说　明

一、一般说明

1.本章定额不包括起挖或栽植胸径 30cm 以上特大树木、名贵树木和特殊造型植物，发生时按实际计算。

2.土石方工程缺项的，按《重庆市房屋建筑与装饰工程计价定额》相应定额子目执行。

3.绿化工程包括施工场地 50m 范围内的各种材料水平运输，如超过时，其超运距费每超过 10m，按相应定额子目人工费的 1.5％计算，同时不扣减 50m 运距的人工费。垂直运输人工搬运花木（不包括电梯搬运），其运输费每搬运垂直运距 10m，按相应定额子目人工费的 3.5％计算。

4.本章绿地整理、栽植花木缺项的，按《重庆市绿色建筑工程计价定额》相应定额子目执行，具体情况如下：

（1）屋面清理（编码：050101008）；

（2）种植土回（换）填（编码：050101009）：人工回填种植土、掺料种植土；

（3）整理绿化用地（编码：050101010）；

（4）屋顶花园基底处理（编码：050101012）；

（5）栽植乔木（编码：050102001）：栽植乔木（带土球）土球直径 600mm 以内，栽植乔木（裸根）胸径 160mm 以内，常绿及落叶乔木胸径 100mm 以内的绿化养护；

（6）栽植灌木（编码：050102002）：栽植灌木（带土球）土球直径 700mm 以内，栽植灌木（裸根），成片栽植灌木，常绿、落叶灌木、成片灌木以及球形植物（冠幅 2000mm 以内）的绿化养护；

（7）栽植竹类（编码：050102003）：栽植散生竹、栽植丛生竹；

（8）栽植绿篱（编码：050102005）；

（9）栽植攀缘植物（编码：050102006）；

（10）栽植花卉（编码：050102008）：栽植草本花、球块根类；

（11）垂直墙体绿化种植（编码：050102010）；

（12）铺种草皮（编码：050102012）：草坪铺种前铺砂、满铺、散铺、草籽播种。

二、绿地整理

1.伐树、挖树根定额子目中未包括废弃物装车、外运、除渣、摘冠所需吊车、高空修剪车等机具费用，发生时另行计算。

2.整理绿化用地执行《重庆市绿色建筑工程计价定额》的绿地细平整定额子目。

3.绿化工程以原土回填为准。如需换土时，单株乔灌木的换土按乔灌木人工换土定额子目执行。成片的绿化用地换土按回填种植土相应定额子目执行。

4.微地形土方堆置适用于有明确的园林景观设计要求，通常通过等高线图表达土方堆置的体量形式，设计造型高度 1.4m 以内，各面平均坡度小于等于 30％的地形；超过此范围的土方堆置，按堆筑土山丘相应定额子目执行。计算了微地形土方堆置，不再计算整理绿化地。

5.回填或造型土方如需外购，材料费另计。

三、栽植花木

1.本定额包括种植后绿化地周围 2m 以内的清理工作，未包括栽植前绿地内建筑垃圾及其他障碍物的清除外运。

2.本定额不包括苗木的检疫、土壤检测、肥料检测等内容，如发生按实计算。

3.本栽植花木定额中不包含树木支撑、草绳绕树干等措施，实际发生时，按相应措施项目定额子目执行。

4.本栽植花木定额中不包括植物营养液、化学试剂、农药和肥料，如使用按实计算，人工不作调整。

5.苗木的土球直径按设计要求确定。无设计要求时，按以下规定执行：

（1）乔木的土球直径按照胸径的 6～8 倍计算，不能按照胸径计算的，按照地径的 7 倍计算；

(2)棕榈科的土球直径按照地径增加500mm计算；

(3)丛生状的亚乔木或大灌木的土球直径按其蓬径的1/3计算。

6.以地径计量的乔木发生裸根栽植及养护时，按其地径乘以系数0.88换算成胸径后，按乔木相应定额子目执行。

7.带土球灌木的起挖和栽植，当土球直径超过1400mm时，按带土球乔木相应定额子目的消耗量乘以系数0.85执行。

8.栽植棕榈类(编码:050102004)未编制，单杆棕榈类植物的起挖、栽植、养护按乔木相应定额子目执行；从生棕榈类植物的起挖、栽植、养护按灌木相应定额子目执行；蔓生植物按攀缘植物相应定额子目执行。

9.栽植色带(编码:050102007)未编制，色带植物的起挖、栽植、养护按灌木和花卉相应定额子目执行，草本植物执行露地花卉相应定额子目，木本植物执行灌木相应定额子目。

10.露地花卉栽植，花坛(一般图案、彩纹图案、立体)按每平方米70株花苗编制的；五色草(一般图案、彩纹图案)按每平方米400株花苗编制的；五色草(立体)按每平方米500株花苗编制的；实际栽植密度不同时，定额人工、材料消耗量按密度比例换算。木本花卉按灌木相应定额子目执行。

11.栽植水生植物是按无水栽植考虑的，如实际需要在水中栽植时，根据实际情况另行计算。

12.立体花卉造型适用于造型高度1.5m至10m以内的单体造型。

13.挖草皮适用于起挖人工培植成片的草皮，如零星自找草皮另行计算。

14.喷播植草定额子目已包含基层处理有机基材等的全部材料。设计与定额不同时，材料可作调整，其他不作调整。

15.植草砖内植草，镶铺草皮用量按植草砖和空格面积的35%考虑，当实际镶草面积与定额不同时，草皮用量可以调整，其他不作调整；播种的草种用量与定额不同时，可按设计要求进行调整，其他不作调整。

16.工程中涉及古树名木、珍贵树种、超过定额规格的超大苗木及有特殊要求(如:反季节栽植、全冠栽植)的起苗、运输、种植及养护工作时，按批准的施工组织设计(方案)按实计算。

17.在边坡(坡度大于30°)起挖或栽植植物按相应定额子目人工乘以系数1.2。喷播植草不执行此项规定。

18.苗木栽植用水按自来水考虑，如施工范围内无接水点时，按批准的施工组织设计(方案)计算机械费用，水的消耗量不作调整。

19.箱(钵)栽植(编码:050102016)未编制，箱(钵)栽植所需种植土按回填种植土相应定额子目执行；栽植按栽植花木相应定额子目执行，人工乘以系数1.2，其他不作调整。

20.栽植花木工程未包含苗木本身价值。苗木按设计图示要求的树种、规格、数量并计取相应的苗木运输、栽植及成活损耗率，按以下规定计算，设计、施工与定额不同时不作调整。

苗木名称	运输、栽植及成活损耗率(%)
乔木	1.5
灌木、绿篱、攀缘植物	2
竹类、露地花卉、草皮、草(花)籽、水生植物	5
盆花	2

注:(1)乔木、棕榈类胸径在80mm(不含80mm)以上，灌木冠径在1000mm(含1000mm)以上的不计算运输、栽植及成活损耗。

(2)卡盆花卉缀花，花坛总高为5m以上时，高度每增加1m，成品卡盆花卉损耗率增加1%。

四、绿化养护

1.绿化养护适用于栽植花木工程完成，分部分项工程验收合格后的存活养护，施工期养护已包括在相应的栽植花木定额中。绿化养护定额子目按年编制，养护期1年以内的，每减少1个月，扣减额为相应定额子目乘以扣减系数0.07；养护期1年以上2年以内的，每增加1个月，增加额为相应定额子目乘以增加系数0.04。

2.绿化养护不分养护等级，均按定额执行，采用自动喷淋系统的绿化养护项目，人工乘以系数0.7。

五、绿地喷灌

1.绿地喷灌管道安装只编制了给水管固筑，缺项时按《重庆市通用安装工程计价定额》相应定额子目执行。

2.绿地喷灌配件安装，缺项时按《重庆市绿色建筑工程计价定额》C.2相应定额子目执行。

工程量计算规则

一、绿地整理

1.砍伐乔木、挖树根(蔸)、砍挖灌木丛及根、砍挖竹及根,按数量计算。

2.挖芦苇及根、清除草皮、清除地被植物,按面积计算。

3.单株乔灌木人工换土按数量计算。

4.微坡地形土方堆置按设计图示尺寸以体积计算。

二、栽植花木

1.起挖和栽植乔木,区分带土球和裸根,按设计图示数量计算。

2.起挖和栽植灌木(单株),区分带土球和裸根,按设计图示数量计算。

3.起挖竹类,区分散生竹和丛生竹,散生竹按不同胸径以数量计算;丛生竹按不同根盘丛径以数量计算。

4.栽植挺水类、湿生类、浮叶类水生植物按设计图示数量计算;栽植漂浮类水生植物按设计图示尺寸以水平投影面积计算。

5.起挖、栽植草皮按设计图示尺寸以绿化面积计算,喷播草籽不论采用什么材料均按设计图示尺寸以绿化面积计算。

6.植草砖内植草、播草籽按图示尺寸以植草砖铺装总面积计算。

7.挂网按设计图示尺寸以挂网投影面积计算。

8.苗木假植按设计图示数量计算。

9.绿化养护,乔木、灌木,区分常绿和落叶,按图示数量计算。

三、绿地喷灌

1.给水管固筑按管径大小以数量计算。

2.给水管固筑填砂按设计图示以体积计算。

3.微喷按设计图示以数量计算。

4.绞接头按设计图示以数量计算。

换土挖坑体积参考表

序号	乔木(胸径 mm 以内)	灌木(冠径 mm 以内)	土球直径(mm)	土球高(mm)	坑直径(mm)	坑深(mm)	换土量(m^3)
1	20		200	150	400	350	0.039
2	40		300	200	500	400	0.064
3	60		400	300	600	500	0.104
4	80		600	400	800	600	0.188
5	100		700	450	900	650	0.240
6	120		800	500	1000	800	0.377
7	140		900	600	1100	900	0.473
8	160		1000	650	1200	950	0.564
9	180		1100	700	1300	1000	0.662
10	200		1200	800	1400	1100	0.788
11	220		1300	850	1900	1150	2.131
12	240		1400	900	2000	1200	2.383
13	260		1600	1000	2200	1300	2.930
14	280		1700	1100	2300	1400	3.318
15	300		1800	1200	2400	1500	3.730
16		400	150	100	350	300	0.027
17		600	200	150	400	350	0.039
18		800	300	200	500	400	0.064
19		1000	350	250	550	450	0.083
20		1200	400	300	600	500	0.104
21		1400	500	300	700	500	0.133
22		1600	550	350	750	550	0.160
23		1800	600	400	800	600	0.188
24		2000	700	450	900	650	0.240
25		2200	750	500	950	700	0.275
26		2400	800	500	1000	750	0.338
27		2600	900	600	1100	800	0.378
28		2800	950	650	1150	850	0.422
29		3000	1000	650	1200	850	0.451

注:换土量=坑体积－土球体积。

(1)乔木:土球直径按胸径的 6～8 倍计算;土球高:按土球直径的 2/3 计算;坑直径:胸径 200mm 以内的按土球直径加 200mm,胸径 200mm 以上的按土球直径加 600mm;坑深度:按土球高度加 200～300mm,胸径 100mm 以内加 200mm,100mm 以上加 300mm。

(2)灌木:土球直径按蓬径的 1/3 计算;土球高:按土球直径的 2/3 计算;坑直径:按土球直径加 200mm;坑深度:按土球高度加 200mm。

A.1 绿地整理(编码:050101)

A.1.1 砍伐乔木(编码:050101001)

工作内容:降低树尾、砍伐、截干,清理异物,就近堆放整齐。

计量单位:10 株

定额编号					EA0001	EA0002	EA0003	EA0004	EA0005	EA0006
项目名称					砍伐乔木					
					离地面 0.2m 处树径(mm)					
					100 以内	200 以内	300 以内	400 以内	500 以内	500 以上
费用	综合单价(元)				**43.75**	**72.80**	**248.34**	**419.77**	**571.19**	**1047.97**
	其中	人工费(元)			39.60	65.88	224.76	379.92	516.96	948.48
		材料费(元)			—	—	—	—	—	—
		施工机具使用费(元)			—	—	—	—	—	—
		企业管理费(元)			2.22	3.70	12.61	21.31	29.00	53.21
		利润(元)			1.22	2.03	6.92	11.70	15.92	29.21
		一般风险费(元)			0.71	1.19	4.05	6.84	9.31	17.07
	编码	名称	单位	单价(元)	消耗量					
人工	000900020	绿化综合工	工日	120.00	0.330	0.549	1.873	3.166	4.308	7.904

A.1.2 挖树根(蔸)(编码:050101002)

工作内容:挖树根(蔸),清理异物,就近堆放整齐。

计量单位:10 株

定额编号					EA0007	EA0008	EA0009	EA0010	EA0011	EA0012
项目名称					挖树根(蔸)					
					离地面 20cm 处树径(mm)					
					100 以内	200 以内	300 以内	400 以内	500 以内	500 以上
费用	综合单价(元)				**64.70**	**112.57**	**450.27**	**742.50**	**938.06**	**1131.50**
	其中	人工费(元)			58.56	101.88	407.52	672.00	849.00	1024.08
		材料费(元)			—	—	—	—	—	—
		施工机具使用费(元)			—	—	—	—	—	—
		企业管理费(元)			3.29	5.72	22.86	37.70	47.63	57.45
		利润(元)			1.80	3.14	12.55	20.70	26.15	31.54
		一般风险费(元)			1.05	1.83	7.34	12.10	15.28	18.43
	编码	名称	单位	单价(元)	消耗量					
人工	000900020	绿化综合工	工日	120.00	0.488	0.849	3.396	5.600	7.075	8.534

A.1.3 砍挖灌木丛及根(编码:050101003)

工作内容:灌木砍伐、清理异物,就近堆放整齐。　　计量单位:丛

定额编号					EA0013	EA0014	EA0015	EA0016
项目名称					砍伐灌木丛			
					冠丛高度(m以内)			
					1	1.5	2	2.5
费用	综合单价(元)				**1.45**	**3.31**	**5.57**	**9.41**
	其中	人工费(元)			1.32	3.00	5.04	8.52
		材料费(元)			—	—	—	—
		施工机具使用费(元)			—	—	—	—
		企业管理费(元)			0.07	0.17	0.28	0.48
		利润(元)			0.04	0.09	0.16	0.26
		一般风险费(元)			0.02	0.05	0.09	0.15
	编码	名称	单位	单价(元)	消耗量			
人工	000900020	绿化综合工	工日	120.00	0.011	0.025	0.042	0.071

工作内容:灌木起土挖根、清理异物,就近堆放整齐。　　计量单位:丛

定额编号					EA0017	EA0018	EA0019	EA0020	EA0021
项目名称					挖灌木丛根				
					根盘直径(mm以内)				
					200	400	600	800	1000
费用	综合单价(元)				**1.99**	**7.69**	**13.39**	**40.04**	**80.08**
	其中	人工费(元)			1.80	6.96	12.12	36.24	72.48
		材料费(元)			—	—	—	—	—
		施工机具使用费(元)			—	—	—	—	—
		企业管理费(元)			0.10	0.39	0.68	2.03	4.07
		利润(元)			0.06	0.21	0.37	1.12	2.23
		一般风险费(元)			0.03	0.13	0.22	0.65	1.30
	编码	名称	单位	单价(元)	消耗量				
人工	000900020	绿化综合工	工日	120.00	0.015	0.058	0.101	0.302	0.604

A.1.4 砍挖竹及根(编码:050101004)

工作内容:砍、挖竹及根,清理异物,就近堆放整齐。

计量单位:株

定额编号					EA0022	EA0023	EA0024	EA0025	EA0026
项目名称					砍挖散生竹及根				
					胸径(mm 以内)				
					20	40	60	80	100
费用	**综合单价(元)**				**1.73**	**3.31**	**4.77**	**8.09**	**13.26**
	其中	人工费(元)			1.56	3.00	4.32	7.32	12.00
		材料费(元)			—	—	—	—	—
		施工机具使用费(元)			—	—	—	—	—
		企业管理费(元)			0.09	0.17	0.24	0.41	0.67
		利润(元)			0.05	0.09	0.13	0.23	0.37
		一般风险费(元)			0.03	0.05	0.08	0.13	0.22
	编码	名称	单位	单价(元)	消耗量				
人工	000900020	绿化综合工	工日	120.00	0.013	0.025	0.036	0.061	0.100

工作内容:砍、挖竹及根,清理异物,就近堆放整齐。

计量单位:丛

定额编号					EA0027	EA0028	EA0029	EA0030	EA0031	EA0032
项目名称					砍挖丛生竹及根					
					根盘丛径(mm 以内)					
					300	400	500	600	700	800
费用	**综合单价(元)**				**3.71**	**6.63**	**12.99**	**21.61**	**24.40**	**32.08**
	其中	人工费(元)			3.36	6.00	11.76	19.56	22.08	29.04
		材料费(元)			—	—	—	—	—	—
		施工机具使用费(元)			—	—	—	—	—	—
		企业管理费(元)			0.19	0.34	0.66	1.10	1.24	1.63
		利润(元)			0.10	0.18	0.36	0.60	0.68	0.89
		一般风险费(元)			0.06	0.11	0.21	0.35	0.40	0.52
	编码	名称	单位	单价(元)	消耗量					
人工	000900020	绿化综合工	工日	120.00	0.028	0.050	0.098	0.163	0.184	0.242

A.1.5 砍挖芦苇(或其他水生植物)及根(编码:050101005)

工作内容:砍、挖芦苇及根,集中堆放,清理场地。 计量单位:$10m^2$

定额编号					EA0033	EA0034
项目名称					砍芦苇	挖芦苇根
费用	综合单价(元)				**12.86**	**44.55**
	其中	人工费(元)			11.64	40.32
		材料费(元)			—	—
		施工机具使用费(元)			—	—
		企业管理费(元)			0.65	2.26
		利润(元)			0.36	1.24
		一般风险费(元)			0.21	0.73
	编码	名称	单位	单价(元)	消耗量	
人工	000900020	绿化综合工	工日	120.00	0.097	0.336

A.1.6 清除草皮(编码:050101006)

工作内容:清除杂草、铲除带厚100mm泥土的草根、草蔸,清理场地,就近堆放整齐。 计量单位:$10m^2$

定额编号					EA0035
项目名称					清除草皮
费用	综合单价(元)				**18.96**
	其中	人工费(元)			17.16
		材料费(元)			—
		施工机具使用费(元)			—
		企业管理费(元)			0.96
		利润(元)			0.53
		一般风险费(元)			0.31
	编码	名称	单位	单价(元)	消耗量
人工	000900020	绿化综合工	工日	120.00	0.143

A.1.7 清除地被植物(编码:050101007)

工作内容:铲除地被植物及根,清理场地,就近堆放整齐。　　计量单位:10m²

		定额编号			EA0036
		项目名称			清除地被植物
费用	综合单价(元)				**15.25**
	其中	人工费(元)			13.80
		材料费(元)			—
		施工机具使用费(元)			—
		企业管理费(元)			0.77
		利润(元)			0.43
		一般风险费(元)			0.25
	编码	名称	单位	单价(元)	消耗量
人工	000900020	绿化综合工	工日	120.00	0.115

A.1.8 种植土回(换)填(编码:050101009)

A.1.8.1 人工换土

A.1.8.1.1 乔灌木(土球直径)

工作内容:装种植土、运距平均50m、卸至坑边1m以内。　　计量单位:株

		定额编号			EA0037	EA0038	EA0039	EA0040	EA0041	EA0042
		项目名称			人工换土 乔灌木					
					土球直径(mm以内)					
					200	400	600	800	1000	1200
费用	综合单价(元)				**1.99**	**5.44**	**12.99**	**27.31**	**37.11**	**51.44**
	其中	人工费(元)			1.80	4.92	11.76	24.72	33.60	46.56
		材料费(元)			—	—	—	—	—	—
		施工机具使用费(元)			—	—	—	—	—	—
		企业管理费(元)			0.10	0.28	0.66	1.39	1.88	2.61
		利润(元)			0.06	0.15	0.36	0.76	1.03	1.43
		一般风险费(元)			0.03	0.09	0.21	0.44	0.60	0.84
	编码	名称	单位	单价(元)	消耗量					
人工	000900020	绿化综合工	工日	120.00	0.015	0.041	0.098	0.206	0.280	0.388
材料	322900010	种植土	m³	—	(0.039)	(0.104)	(0.188)	(0.352)	(0.564)	(0.788)

工作内容:装种植土、运距平均50m、卸至坑边1m以内。　　　　计量单位:株

定额编号					EA0043	EA0044	EA0045	EA0046
项目名称					人工换土 乔灌木			
					土球直径(mm以内)			
					1400	1600	1800	2000
费用	综合单价(元)				**155.93**	**200.87**	**253.25**	**304.43**
	其中	人工费(元)			141.12	181.80	229.20	275.52
		材料费(元)			—	—	—	—
		施工机具使用费(元)			—	—	—	—
		企业管理费(元)			7.92	10.20	12.86	15.46
		利润(元)			4.35	5.60	7.06	8.49
		一般风险费(元)			2.54	3.27	4.13	4.96
	编码	名称	单位	单价(元)	消耗量			
人工	000900020	绿化综合工	工日	120.00	1.176	1.515	1.910	2.296
材料	322900010	种植土	m^3	—	(2.383)	(2.930)	(3.730)	(4.625)

A.1.8.1.2　裸根乔木(胸径)

工作内容:装种植土、运距平均50m、卸至坑边1m以内。　　　　计量单位:株

定额编号					EA0047	EA0048	EA0049	EA0050	EA0051	EA0052
项目名称					人工换土 裸根乔木					
					胸径(mm以内)					
					20	40	60	80	100	120
费用	综合单价(元)				**0.94**	**4.11**	**9.81**	**18.96**	**26.79**	**37.53**
	其中	人工费(元)			0.84	3.72	8.88	17.16	24.24	33.96
		材料费(元)			—	—	—	—	—	—
		施工机具使用费(元)			—	—	—	—	—	—
		企业管理费(元)			0.05	0.21	0.50	0.96	1.36	1.91
		利润(元)			0.03	0.11	0.27	0.53	0.75	1.05
		一般风险费(元)			0.02	0.07	0.16	0.31	0.44	0.61
	编码	名称	单位	单价(元)	消耗量					
人工	000900020	绿化综合工	工日	120.00	0.007	0.031	0.074	0.143	0.202	0.283
材料	322900010	种植土	m^3	—	(0.020)	(0.080)	(0.190)	(0.380)	(0.550)	(0.760)

工作内容：装种植土、运距平均 50m、卸至坑边 1m 以内。 计量单位：株

定额编号					EA0053	EA0054	EA0055	EA0056
项目名称					人工换土 裸根乔木			
					胸径(mm 以内)			
					140	160	180	200
费用	综合单价（元）				**51.44**	**67.75**	**104.22**	**124.23**
	其中	人工费（元）			46.56	61.32	94.32	112.44
		材料费（元）			—	—	—	—
		施工机具使用费（元）			—	—	—	—
		企业管理费（元）			2.61	3.44	5.29	6.31
		利润（元）			1.43	1.89	2.91	3.46
		一般风险费（元）			0.84	1.10	1.70	2.02
	编码	名称	单位	单价(元)	消耗量			
人工	000900020	绿化综合工	工日	120.00	0.388	0.511	0.786	0.937
材料	322900010	种植土	m^3	—	(1.020)	(1.380)	(2.010)	(2.540)

A.1.8.1.3 裸根灌木

工作内容：装种植土、运距平均 50m、卸至坑边 1m 以内。 计量单位：株

定额编号					EA0057	EA0058	EA0059	EA0060
项目名称					人工换土 裸根灌木			
					冠丛高(m 以内)			
					1	1.5	2	2.5
费用	综合单价（元）				**1.06**	**2.12**	**3.97**	**6.63**
	其中	人工费（元）			0.96	1.92	3.60	6.00
		材料费（元）			—	—	—	—
		施工机具使用费（元）			—	—	—	—
		企业管理费（元）			0.05	0.11	0.20	0.34
		利润（元）			0.03	0.06	0.11	0.18
		一般风险费（元）			0.02	0.03	0.06	0.11
	编码	名称	单位	单价(元)	消耗量			
人工	000900020	绿化综合工	工日	120.00	0.008	0.016	0.030	0.050
材料	322900010	种植土	m^3	—	(0.020)	(0.040)	(0.080)	(0.140)

A.1.9 绿地起坡造型(编码:050101011)

工作内容:1.50米以内土方倒运、按设计等高线放线、堆土、分层铺土、夯压实、放坡、平整、清理。
2.30cm以内表层土人工挖填、找平等。

计量单位:$10m^3$

定额编号					EA0061	EA0062	EA0063	EA0064	EA0065	EA0066
项目名称					微坡地形土方堆置					
					坡顶与坡底高差(m以内)					
					0.4	0.6	0.8	1	1.2	1.4
费用	综合单价(元)				**91.54**	**83.98**	**79.60**	**77.08**	**75.49**	**74.43**
	其中	人工费(元)			65.16	58.32	54.36	52.08	50.64	49.68
		材料费(元)			—	—	—	—	—	—
		施工机具使用费(元)			19.54	19.54	19.54	19.54	19.54	19.54
		企业管理费(元)			3.66	3.27	3.05	2.92	2.84	2.79
		利润(元)			2.01	1.80	1.67	1.60	1.56	1.53
		一般风险费(元)			1.17	1.05	0.98	0.94	0.91	0.89
	编码	名称	单位	单价(元)	消耗量					
人工	000900020	绿化综合工	工日	120.00	0.543	0.486	0.453	0.434	0.422	0.414
机械	990110030	轮胎式装载机 $1.5m^3$	台班	610.59	0.032	0.032	0.032	0.032	0.032	0.032

A.2 栽植花木(编码:050102)

A.2.1 栽植乔木(编码:050102001)

A.2.1.1 起挖乔木(带土球)

工作内容:起挖、修剪、土球包扎、出坑、运到路边、回土填坑、装车。

计量单位:株

定额编号					EA0067	EA0068	EA0069	EA0070	EA0071	EA0072
项目名称					起挖乔木(带土球)					
					土球直径(mm以内)					
					200	400	600	800	1000	1200
费用	综合单价(元)				**2.96**	**4.58**	**31.00**	**83.42**	**163.33**	**233.50**
	其中	人工费(元)			1.56	1.92	24.72	53.40	114.84	164.64
		材料费(元)			1.23	2.46	3.69	7.38	12.30	18.45
		施工机具使用费(元)			—	—	—	17.04	24.14	33.14
		企业管理费(元)			0.09	0.11	1.39	3.00	6.44	9.24
		利润(元)			0.05	0.06	0.76	1.64	3.54	5.07
		一般风险费(元)			0.03	0.03	0.44	0.96	2.07	2.96
	编码	名称	单位	单价(元)	消耗量					
人工	000900020	绿化综合工	工日	120.00	0.013	0.016	0.206	0.445	0.957	1.372
材料	023300300	草绳	kg	1.23	1.000	2.000	3.000	6.000	10.000	15.000
机械	990304001	汽车式起重机 5t	台班	473.39	—	—	—	0.036	0.051	0.070

工作内容：起挖、修剪、土球包扎、出槽、运到路边、回土填坑、装车。

计量单位：株

定额编号					EA0073	EA0074	EA0075	EA0076
项目名称					起挖乔木(带土球)			
					土球直径(mm以内)			
					1400	1600	1800	2000
费用	综合单价(元)				**340.64**	**482.90**	**583.51**	**703.39**
	其中	人工费(元)			242.76	342.84	415.56	484.20
		材料费(元)			24.60	30.75	36.90	49.20
		施工机具使用费(元)			47.81	73.35	87.46	119.20
		企业管理费(元)			13.62	19.23	23.31	27.16
		利润(元)			7.48	10.56	12.80	14.91
		一般风险费(元)			4.37	6.17	7.48	8.72
	编码	名称	单位	单价(元)	消耗量			
人工	000900020	绿化综合工	工日	120.00	2.023	2.857	3.463	4.035
材料	023300300	草绳	kg	1.23	20.000	25.000	30.000	40.000
机械	990304001	汽车式起重机 5t	台班	473.39	0.101	—	—	—
	990304004	汽车式起重机 8t	台班	705.33	—	0.104	0.124	0.169

A.2.1.2 **栽植乔木(带土球)**

工作内容：下车、挖坑、栽植(修剪、落坑、扶正、回土、捣实、筑水围)、浇水、施肥、覆土、保墒、整形、清理、施工期植物养护等。

计量单位：株

定额编号					EA0077	EA0078	EA0079
项目名称					栽植乔木(带土球)		
					土球直径(mm以内)		
					800	1000	1200
费用	综合单价(元)				**75.61**	**120.39**	**179.08**
	其中	人工费(元)			54.12	86.76	130.92
		材料费(元)			0.66	1.33	1.77
		施工机具使用费(元)			15.15	23.20	32.66
		企业管理费(元)			3.04	4.87	7.34
		利润(元)			1.67	2.67	4.03
		一般风险费(元)			0.97	1.56	2.36
	编码	名称	单位	单价(元)	消耗量		
人工	000900020	绿化综合工	工日	120.00	0.451	0.723	1.091
材料	341100100	水	m^3	4.42	0.150	0.300	0.400
机械	990304001	汽车式起重机 5t	台班	473.39	0.032	0.049	0.069

工作内容：下车、挖坑、栽植(修剪、落坑、扶正、回土、捣实、筑水围)、浇水、施肥、覆土、保墒、整形、清理、施工期植物养护等。

计量单位：株

定额编号					EA0080	EA0081	EA0082
项目名称					栽植乔木(带土球)		
					土球直径(mm 以内)		
					1400	1600	1800
费用	综合单价(元)				**254.90**	**359.19**	**420.72**
	其中	人工费(元)			189.72	262.08	307.20
		材料费(元)			2.21	3.32	4.42
		施工机具使用费(元)			43.08	66.30	76.88
		企业管理费(元)			10.64	14.70	17.23
		利润(元)			5.84	8.07	9.46
		一般风险费(元)			3.41	4.72	5.53
	编码	名称	单位	单价(元)	消耗量		
人工	000900020	绿化综合工	工日	120.00	1.581	2.184	2.560
材料	341100100	水	m^3	4.42	0.500	0.750	1.000
机械	990304001	汽车式起重机 5t	台班	473.39	0.091	—	—
	990304004	汽车式起重机 8t	台班	705.33	—	0.094	0.109

工作内容：下车、挖坑、栽植(修剪、落坑、扶正、回土、捣实、筑水围)、浇水、施肥、覆土、保墒、整形、清理、施工期植物养护等。

计量单位：株

定额编号					EA0083
项目名称					栽植乔木(带土球)
					土球直径(mm 以内)
					2000
费用	综合单价(元)				**504.62**
	其中	人工费(元)			354.24
		材料费(元)			5.30
		施工机具使用费(元)			107.92
		企业管理费(元)			19.87
		利润(元)			10.91
		一般风险费(元)			6.38
	编码	名称	单位	单价(元)	消耗量
人工	000900020	绿化综合工	工日	120.00	2.952
材料	341100100	水	m^3	4.42	1.200
机械	990304004	汽车式起重机 8t	台班	705.33	0.153

A.2.1.3 起挖乔木(裸根)

工作内容:起挖、出坑、修剪、打浆、搬运集中、回土填坑、装车。 计量单位:株

定额编号					EA0084	EA0085	EA0086	EA0087	EA0088	EA0089
项目名称					起挖乔木(裸根)					
					胸径(mm 以内)					
					20	40	60	80	100	120
费用	综合单价(元)				**1.59**	**3.05**	**7.16**	**15.38**	**31.83**	**40.44**
	其中	人工费(元)			1.44	2.76	6.48	13.92	28.80	36.60
		材料费(元)			—	—	—	—	—	—
		施工机具使用费(元)			—	—	—	—	—	—
		企业管理费(元)			0.08	0.15	0.36	0.78	1.62	2.05
		利润(元)			0.04	0.09	0.20	0.43	0.89	1.13
		一般风险费(元)			0.03	0.05	0.12	0.25	0.52	0.66
	编码	名称	单位	单价(元)	消耗量					
人工	000900020	绿化综合工	工日	120.00	0.012	0.023	0.054	0.116	0.240	0.305

工作内容:起挖、出坑、修剪、打浆、搬运集中、回土填坑、装车。 计量单位:株

定额编号					EA0090	EA0091	EA0092	EA0093
项目名称					起挖乔木(裸根)			
					胸径(mm 以内)			
					140	160	180	200
费用	综合单价(元)				**53.70**	**57.68**	**87.14**	**133.55**
	其中	人工费(元)			48.60	52.20	62.16	98.16
		材料费(元)			—	—	—	—
		施工机具使用费(元)			—	—	18.46	25.09
		企业管理费(元)			2.73	2.93	3.49	5.51
		利润(元)			1.50	1.61	1.91	3.02
		一般风险费(元)			0.87	0.94	1.12	1.77
	编码	名称	单位	单价(元)	消耗量			
人工	000900020	绿化综合工	工日	120.00	0.405	0.435	0.518	0.818
机械	990304001	汽车式起重机 5t	台班	473.39	—	—	0.039	0.053

A.2.1.4 栽植乔木(裸根)

工作内容:下车、挖坑、栽植(修剪、落坑、扶正、回土、捣实、筑水围)、浇水、施肥、覆土、保墒、整形、清理、施工期植物养护等。

计量单位:株

定额编号					EA0094	EA0095	EA0096
项目名称					栽植乔木(裸根)		
					胸径(mm 以内)		
					180	200	240
费用	综合单价(元)				**119.72**	**172.71**	**244.80**
	其中	人工费(元)			90.84	132.60	187.68
		材料费(元)			0.88	1.11	2.87
		施工机具使用费(元)			18.46	25.09	34.56
		企业管理费(元)			5.10	7.44	10.53
		利润(元)			2.80	4.08	5.78
		一般风险费(元)			1.64	2.39	3.38
	编码	名称	单位	单价(元)	消耗量		
人工	000900020	绿化综合工	工日	120.00	0.757	1.105	1.564
材料	341100100	水	m^3	4.42	0.200	0.250	0.650
机械	990304001	汽车式起重机 5t	台班	473.39	0.039	0.053	0.073

A.2.2 栽植灌木(编码:050102002)

A.2.2.1 起挖灌木(带土球)

工作内容:起挖、包扎、出坑、搬运集中、回土、填坑、装车。

计量单位:株

定额编号					EA0097	EA0098	EA0099	EA0100	EA0101
项目名称					起挖灌木(带土球)				
					土球直径(mm 以内)				
					100	200	300	400	500
费用	综合单价(元)				**1.51**	**3.48**	**7.33**	**13.65**	**20.23**
	其中	人工费(元)			1.20	2.76	5.52	10.68	16.08
		材料费(元)			0.18	0.43	1.23	1.85	2.46
		施工机具使用费(元)			—	—	—	—	—
		企业管理费(元)			0.07	0.15	0.31	0.60	0.90
		利润(元)			0.04	0.09	0.17	0.33	0.50
		一般风险费(元)			0.02	0.05	0.10	0.19	0.29
	编码	名称	单位	单价(元)	消耗量				
人工	000900020	绿化综合工	工日	120.00	0.010	0.023	0.046	0.089	0.134
材料	023300300	草绳	kg	1.23	0.150	0.350	1.000	1.500	2.000

工作内容:起挖、包扎、出坑、搬运集中、回土、填坑、装车。　　　　**计量单位**:株

定额编号					EA0102	EA0103	EA0104	EA0105	EA0106	EA0107
项目名称					起挖灌木(带土球)					
					土球直径(mm 以内)					
					600	700	800	1000	1200	1400
费用	**综合单价(元)**				**32.60**	**42.45**	**76.73**	**151.50**	**213.16**	**282.51**
	其中	人工费(元)			26.16	33.96	53.76	108.84	151.80	201.72
		材料费(元)			3.69	4.92	7.38	12.30	18.45	24.60
		施工机具使用费(元)			—	—	9.94	18.94	26.98	35.03
		企业管理费(元)			1.47	1.91	3.02	6.11	8.52	11.32
		利润(元)			0.81	1.05	1.66	3.35	4.68	6.21
		一般风险费(元)			0.47	0.61	0.97	1.96	2.73	3.63
	编码	名称	单位	单价(元)	消耗量					
人工	000900020	绿化综合工	工日	120.00	0.218	0.283	0.448	0.907	1.265	1.681
材料	023300300	草绳	kg	1.23	3.000	4.000	6.000	10.000	15.000	20.000
机械	990304001	汽车式起重机 5t	台班	473.39	—	—	0.021	0.040	0.057	0.074

A.2.2.2 **起挖灌木(裸根)**

工作内容:起挖、出坑、修剪、打浆、搬运集中、回土填坑、装车。　　　　**计量单位**:株

定额编号					EA0108	EA0109	EA0110	EA0111
项目名称					起挖灌木(裸根)			
					冠丛高度(m 以内)			
					1	1.5	2	2.5
费用	**综合单价(元)**				**2.39**	**3.85**	**7.83**	**13.13**
	其中	人工费(元)			2.16	3.48	7.08	11.88
		材料费(元)			—	—	—	—
		施工机具使用费(元)			—	—	—	—
		企业管理费(元)			0.12	0.20	0.40	0.67
		利润(元)			0.07	0.11	0.22	0.37
		一般风险费(元)			0.04	0.06	0.13	0.21
	编码	名称	单位	单价(元)	消耗量			
人工	000900020	绿化综合工	工日	120.00	0.018	0.029	0.059	0.099

A.2.2.3 **栽植灌木(带土球)**

工作内容:下车、挖坑、栽植(修剪、落坑、扶正、回土、捣实、筑水围)、浇水、施肥、覆土、保墒、整形、清理、施工期植物养护。

计量单位:株

定额编号					EA0112	EA0113	EA0114	EA0115
项目名称					栽植灌木(带土球)			
					土球直径(mm以内)			
					800	1000	1200	1400
费用	**综合单价(元)**				**63.87**	**93.70**	**165.01**	**230.80**
	其中	人工费(元)			49.08	73.32	125.04	176.04
		材料费(元)			0.66	1.33	1.77	2.21
		施工机具使用费(元)			8.99	11.36	25.09	34.08
		企业管理费(元)			2.75	4.11	7.01	9.88
		利润(元)			1.51	2.26	3.85	5.42
		一般风险费(元)			0.88	1.32	2.25	3.17
	编码	名称	单位	单价(元)	消耗量			
人工	000900020	绿化综合工	工日	120.00	0.409	0.611	1.042	1.467
材料	341100100	水	m^3	4.42	0.150	0.300	0.400	0.500
机械	990304001	汽车式起重机 5t	台班	473.39	0.019	0.024	0.053	0.072

A.2.3 栽植竹类(编码:050102003)

A.2.3.1 **起挖竹类(散生竹)**

工作内容:起挖、包扎、出坑、修剪、搬运集中、回土、填坑、装车。

计量单位:株

定额编号					EA0116	EA0117	EA0118	EA0119	EA0120
项目名称					起挖竹类(散生竹)				
					胸径(mm以内)				
					20	40	60	80	100
费用	**综合单价(元)**				**2.87**	**5.88**	**8.26**	**13.52**	**21.34**
	其中	人工费(元)			2.04	4.20	6.36	10.56	17.64
		材料费(元)			0.62	1.23	1.23	1.85	1.85
		施工机具使用费(元)			—	—	—	—	—
		企业管理费(元)			0.11	0.24	0.36	0.59	0.99
		利润(元)			0.06	0.13	0.20	0.33	0.54
		一般风险费(元)			0.04	0.08	0.11	0.19	0.32
	编码	名称	单位	单价(元)	消耗量				
人工	000900020	绿化综合工	工日	120.00	0.017	0.035	0.053	0.088	0.147
材料	023300300	草绳	kg	1.23	0.500	1.000	1.000	1.500	1.500

A.2.3.2 **起挖竹类(丛生竹)**

工作内容:起挖、包扎、出坑、修剪、搬运集中、回土、填坑、装车。 **计量单位:**丛

定额编号					EA0121	EA0122	EA0123	EA0124	EA0125	EA0126
项目名称					起挖竹类(丛生竹)					
					根盘丛径(mm以内)					
					300	400	500	600	700	800
费用	综合单价(元)				**6.06**	**11.44**	**19.79**	**33.14**	**53.73**	**71.75**
	其中	人工费(元)			4.92	9.24	16.80	28.32	33.00	42.36
		材料费(元)			0.62	1.23	1.23	1.85	2.46	3.08
		施工机具使用费(元)			—	—	—	—	14.81	21.87
		企业管理费(元)			0.28	0.52	0.94	1.59	1.85	2.38
		利润(元)			0.15	0.28	0.52	0.87	1.02	1.30
		一般风险费(元)			0.09	0.17	0.30	0.51	0.59	0.76
	编码	名称	单位	单价(元)	消耗量					
人工	000900020	绿化综合工	工日	120.00	0.041	0.077	0.140	0.236	0.275	0.353
材料	023300300	草绳	kg	1.23	0.500	1.000	1.000	1.500	2.000	2.500
机械	990304004	汽车式起重机 8t	台班	705.33	—	—	—	—	0.021	0.031

A.2.4 栽植花卉(编码:050102008)

A.2.4.1 **露地花卉栽植**

工作内容:下车、翻土整地、清除杂物、施基肥、脱盆(袋)、放样、栽植、浇水、清理、施工期植物养护。 **计量单位:**$10m^2$

定额编号					EA0127	EA0128	EA0129
项目名称					一般图案花坛	彩纹图案花坛	立体花坛
费用	综合单价(元)				**186.82**	**210.42**	**300.27**
	其中	人工费(元)			158.40	179.76	269.76
		材料费(元)			11.80	11.80	2.21
		施工机具使用费(元)			—	—	—
		企业管理费(元)			8.89	10.08	15.13
		利润(元)			4.88	5.54	8.31
		一般风险费(元)			2.85	3.24	4.86
	编码	名称	单位	单价(元)	消耗量		
人工	000900020	绿化综合工	工日	120.00	1.320	1.498	2.248
材料	322700210	有机肥(土堆肥)	m^3	73.79	0.130	0.130	—
	341100100	水	m^3	4.42	0.500	0.500	0.500

工作内容:下车、翻土整地、清除杂物、施基肥、脱盆(袋)、放样、栽植、浇水、清理、施工期植物养护。 **计量单位:**10m²

定额编号					EA0130	EA0131	EA0132
项目名称					五色草		
					一般图案花坛	彩纹图案花坛	立体花坛
费用	综合单价(元)				**403.64**	**477.23**	**586.93**
	其中	人工费(元)			336.60	403.20	529.20
		材料费(元)			31.73	31.73	2.21
		施工机具使用费(元)			—	—	—
		企业管理费(元)			18.88	22.62	29.69
		利润(元)			10.37	12.42	16.30
		一般风险费(元)			6.06	7.26	9.53
	编码	名称	单位	单价(元)	消耗量		
人工	000900020	绿化综合工	工日	120.00	2.805	3.360	4.410
材料	322700210	有机肥(土堆肥)	m³	73.79	0.400	0.400	—
	341100100	水	m³	4.42	0.500	0.500	0.500

A.2.5 栽植水生植物(编码:050102009)

工作内容:下车、挖淤泥、搬运、种植、回土、整形、清理、施工期植物养护。 **计量单位:**100株

定额编号					EA0133	EA0134
项目名称					栽植挺水植物	
					荷花 水深0.5m以内	荷花 水深0.5m以上
费用	综合单价(元)				**235.28**	**356.37**
	其中	人工费(元)			146.16	222.36
		材料费(元)			73.79	110.69
		施工机具使用费(元)			—	—
		企业管理费(元)			8.20	12.47
		利润(元)			4.50	6.85
		一般风险费(元)			2.63	4.00
	编码	名称	单位	单价(元)	消耗量	
人工	000900020	绿化综合工	工日	120.00	1.218	1.853
材料	322700210	有机肥(土堆肥)	m³	73.79	1.000	1.500

工作内容:下车、挖淤泥、搬运、种植、回土、整形、清理、施工期植物养护。

计量单位:100 株

定额编号					EA0135	EA0136	EA0137	EA0138	EA0139	EA0140
项目名称					栽植挺水植物					
					根盘直径 150mm 以内			根盘直径 150mm 以上		
					5 芽以内	10 芽以内	10 芽以上	5 芽以内	10 芽以内	10 芽以上
费用	综合单价(元)				**174.56**	**214.51**	**261.83**	**199.75**	**246.07**	**299.63**
	其中	人工费(元)			91.20	114.00	136.80	114.00	142.56	171.00
		材料费(元)			73.79	88.55	110.69	73.79	88.55	110.69
		施工机具使用费(元)			—	—	—	—	—	—
		企业管理费(元)			5.12	6.40	7.67	6.40	8.00	9.59
		利润(元)			2.81	3.51	4.21	3.51	4.39	5.27
		一般风险费(元)			1.64	2.05	2.46	2.05	2.57	3.08
	编码	名称	单位	单价(元)	消耗量					
人工	000900020	绿化综合工	工日	120.00	0.760	0.950	1.140	0.950	1.188	1.425
材料	322700210	有机肥(土堆肥)	m^3	73.79	1.000	1.200	1.500	1.000	1.200	1.500

工作内容:下车、挖淤泥、搬运、种植、回土、整形、清理、施工期植物养护。

计量单位:100 株

定额编号					EA0141	EA0142	EA0143	EA0144	EA0145	EA0146
项目名称					栽植湿生植物					
					根盘直径 150mm 以内			根盘直径 150mm 以上		
					5 芽以内	10 芽以内	10 芽以上	5 芽以内	10 芽以内	10 芽以上
费用	综合单价(元)				**105.53**	**120.48**	**134.25**	**134.43**	**154.56**	**174.56**
	其中	人工费(元)			35.40	45.60	54.72	61.56	76.44	91.20
		材料费(元)			66.41	70.10	73.79	66.41	70.10	73.79
		施工机具使用费(元)			—	—	—	—	—	—
		企业管理费(元)			1.99	2.56	3.07	3.45	4.29	5.12
		利润(元)			1.09	1.40	1.69	1.90	2.35	2.81
		一般风险费(元)			0.64	0.82	0.98	1.11	1.38	1.64
	编码	名称	单位	单价(元)	消耗量					
人工	000900020	绿化综合工	工日	120.00	0.295	0.380	0.456	0.513	0.637	0.760
材料	322700210	有机肥(土堆肥)	m^3	73.79	0.900	0.950	1.000	0.900	0.950	1.000

工作内容:下车、挖淤泥、搬运、种植、回土、整形、清理、施工期植物养护。　　　　**计量单位:**100株

定额编号					EA0147	EA0148	EA0149	EA0150
项目名称					栽植浮叶植物			
					每平方米种植密度			
					3株以内		3株以上	
					水深0.5m以内	水深0.5m以上	水深0.5m以内	水深0.5m以上
费用	综合单价(元)				**199.75**	**325.70**	**186.76**	**225.33**
	其中	人工费(元)			114.00	228.00	102.24	137.16
		材料费(元)			73.79	73.79	73.79	73.79
		施工机具使用费(元)			—	—	—	—
		企业管理费(元)			6.40	12.79	5.74	7.69
		利润(元)			3.51	7.02	3.15	4.22
		一般风险费(元)			2.05	4.10	1.84	2.47
	编码	名称	单位	单价(元)	消耗量			
人工	000900020	绿化综合工	工日	120.00	0.950	1.900	0.852	1.143
材料	322700210	有机肥(土堆肥)	m^3	73.79	1.000	1.000	1.000	1.000

工作内容:下车、挖淤泥、搬运、种植、回土、整形、清理、施工期植物养护。　　　　**计量单位:**$100m^2$

定额编号					EA0151	EA0152	EA0153
项目名称					栽植漂浮植物		
					种植覆盖率(%)		
					50以内	70以内	70以上
费用	综合单价(元)				**79.90**	**120.51**	**160.46**
	其中	人工费(元)			45.60	69.00	91.80
		材料费(元)			29.52	44.27	59.03
		施工机具使用费(元)			—	—	—
		企业管理费(元)			2.56	3.87	5.15
		利润(元)			1.40	2.13	2.83
		一般风险费(元)			0.82	1.24	1.65
	编码	名称	单位	单价(元)	消耗量		
人工	000900020	绿化综合工	工日	120.00	0.380	0.575	0.765
材料	322700210	有机肥(土堆肥)	m^3	73.79	0.400	0.600	0.800

A.2.6 花卉立体布置(编码:050102011)

工作内容:1.下车、脱营养钵、海绵剪裁、浸泡、包裹花卉、上卡盆、安装卡扣、装筐、码放、清理等。
2.穴盘工艺网布裁剪、塑形、固定、调配基质、洒水拌和、基质填充、捣实、图案纹样放样、穴盘苗栽植、修剪、清理等。
3.卡盆工艺图案纹样放样、现场缀花、拔除等。

定额编号					EA0154	EA0155	EA0156	EA0157
项目名称					立体花卉布置			
					卡盆花卉加工	卡盆花卉缀花		
						高 3m 以内	高 5m 以内	高 5m 以上(每增加 1m)
单位					100 盆	m^2		
费用	综合单价(元)				**2051.33**	**46.00**	**57.26**	**7.95**
	其中	人工费(元)			41.64	41.40	51.60	7.20
		材料费(元)			2005.32	0.25	0.25	—
		施工机具使用费(元)			—	—	—	—
		企业管理费(元)			2.34	2.32	2.89	0.40
		利润(元)			1.28	1.28	1.59	0.22
		一般风险费(元)			0.75	0.75	0.93	0.13
	编码	名称	单位	单价(元)	消耗量			
人工	000900020	绿化综合工	工日	120.00	0.347	0.345	0.430	0.060
材料	292503400	卡盆(含海绵和卡扣)	套	19.66	102.000	—	—	—
	341100100	水	m^3	4.42	—	0.055	0.055	—
	002000020	其他材料费	元	—	—	0.01	0.01	—

工作内容:1.下车、脱营养钵、海绵剪裁、浸泡、包裹花卉、上卡盆、安装卡扣、装筐、码放、清理等。
2.穴盘工艺网布裁剪、塑形、固定、调配基质、洒水拌和、基质填充、捣实、图案纹样放样、穴盘苗栽植、修剪、清理等。
3.卡盆工艺图案纹样放样、现场缀花、拔除等。

计量单位:m^2

定额编号					EA0158	EA0159	EA0160	EA0161	EA0162
项目名称					穴盘苗缀花				
					绷布塑形				绷布塑形
					高 3m 以内		高 5m 以内		高 5m 以上(每增加 1m)
					平面	曲面	平面	曲面	
费用	综合单价(元)				**45.02**	**62.86**	**49.26**	**75.72**	**12.07**
	其中	人工费(元)			30.84	46.20	34.68	57.84	10.92
		材料费(元)			10.94	11.82	10.94	11.82	—
		施工机具使用费(元)			—	—	—	—	—
		企业管理费(元)			1.73	2.59	1.95	3.24	0.61
		利润(元)			0.95	1.42	1.07	1.78	0.34
		一般风险费(元)			0.56	0.83	0.62	1.04	0.20
	编码	名称	单位	单价(元)	消耗量				
人工	000900020	绿化综合工	工日	120.00	0.257	0.385	0.289	0.482	0.091
材料	030191420	C 型钉	百个	0.94	8.800	9.600	8.800	9.600	—
	020901200	网布	m^2	2.14	1.150	1.200	1.150	1.200	—
	002000020	其他材料费	元	—	0.21	0.23	0.21	0.23	—

工作内容：1.下车、脱营养钵、海绵剪裁、浸泡、包裹花卉、上卡盆、安装卡扣、装筐、码放、清理等。
2.穴盘工艺网布裁剪、塑形、固定、调配基质、洒水拌和、基质填充、捣实、图案纹样放样、穴盘苗栽植、修剪、清理等。
3.卡盆工艺图案纹样放样、现场缀花、拔除等。

定额编号					EA0163	EA0164	EA0165	EA0166	EA0167	EA0168
项目名称					穴盘苗缀花					
					基质填充	栽植				栽植
						高 3m 以内		高 5m 以内		高 5m 以上（每增加 1m）
						平面	曲面	平面	曲面	
单位					m^3	m^2				
费用	综合单价（元）				**31.55**	**45.19**	**67.74**	**52.23**	**78.75**	**12.60**
	其中	人工费（元）			28.56	40.68	61.08	47.04	71.04	11.40
		材料费（元）			—	0.25	0.25	0.25	0.25	—
		施工机具使用费（元）			—	—	—	—	—	—
		企业管理费（元）			1.60	2.28	3.43	2.64	3.99	0.64
		利润（元）			0.88	1.25	1.88	1.45	2.19	0.35
		一般风险费（元）			0.51	0.73	1.10	0.85	1.28	0.21
	编码	名称	单位	单价(元)	消耗量					
人工	000900020	绿化综合工	工日	120.00	0.238	0.339	0.509	0.392	0.592	0.095
材料	322900010	种植土	m^3	—	(1.300)	—	—	—	—	—
	341100100	水	m^3	4.42	—	0.055	0.055	0.055	0.055	—
	002000010	其他材料费	元	—	—	0.01	0.01	0.01	0.01	—

A.2.7 铺种草皮(编码:050102012)

工作内容：挖草皮：起挖草皮、切割成块状、搬运集中、装车。
直生带：下车、翻土整地、清除杂物、施基肥、铺种草皮、浇水、清理、施工期养护。 **计量单位**：$10m^2$

定额编号					EA0169	EA0170
=					挖草皮	直生带
费用	综合单价（元）				**11.01**	**171.61**
	其中	人工费（元）			9.96	85.44
		材料费（元）			—	77.21
		施工机具使用费（元）			—	—
		企业管理费（元）			0.56	4.79
		利润（元）			0.31	2.63
		一般风险费（元）			0.18	1.54
	编码	名称	单位	单价(元)	消耗量	
人工	000900020	绿化综合工	工日	120.00	0.083	0.712
材料	320700510	草皮	m^2	7.50	—	10.000
	341100100	水	m^3	4.42	—	0.500

A.2.8 喷播植草(灌木)籽(编码:050102013)

工作内容:人工细整坡、喷播、加覆盖物、固定、施工期养护等。

计量单位:10m²

定额编号					EA0171	EA0172
项目名称					喷播草种	喷播有机基材 100mm厚
费用	综合单价(元)				**137.51**	**366.15**
	其中	人工费(元)			45.12	85.44
		材料费(元)			80.11	247.72
		施工机具使用费(元)			7.55	24.03
		企业管理费(元)			2.53	4.79
		利润(元)			1.39	2.63
		一般风险费(元)			0.81	1.54
	编码	名称	单位	单价(元)	消耗量	
人工	000900020	绿化综合工	工日	120.00	0.376	0.712
材料	323700010	种子(综合)	kg	35.39	0.400	0.400
	322900010	种植土	m³	35.00	—	1.336
	023100100	无纺布	m²	5.77	10.960	10.960
	322700220	有机复合肥	kg	2.65	0.070	0.500
	143510800	喷播保水剂	kg	30.77	0.040	2.000
	144105620	喷播黏结剂	kg	29.91	0.014	2.000
	341100120	水	t	4.42	0.200	0.200
机械	990401020	载重汽车 5t	台班	404.73	0.011	0.035
	990625010	喷播机 综合	台班	281.71	0.011	0.035

A.2.9 植草砖内植草(编码:050102014)

工作内容:栽种:清杂、搬运草皮、格内灌土、栽草(含铺草)、浇水、清理、施工期养护。
播草籽:清杂、格内灌土、播种、浇水、清理、施工期养护。

计量单位:10m²

定额编号					EA0173	EA0174
项目名称					植草砖内植草	
					栽种	播草籽
费用	综合单价(元)				**85.18**	**89.07**
	其中	人工费(元)			50.16	75.72
		材料费(元)			29.77	5.41
		施工机具使用费(元)			—	—
		企业管理费(元)			2.81	4.25
		利润(元)			1.54	2.33
		一般风险费(元)			0.90	1.36
	编码	名称	单位	单价(元)	消耗量	
人工	000900020	绿化综合工	工日	120.00	0.418	0.631
材料	323700010	种子(综合)	kg	35.39	—	0.128
	320700510	草皮	m²	7.50	3.675	—
	341100100	水	m³	4.42	0.500	0.200

A.2.10 挂网(编码:050102015)

工作内容:搬运、铺设、绑扎、张拉、固定。 计量单位:$10m^2$

定额编号					EA0175	EA0176	EA0177
项目名称					挂网		
					镀锌铁丝网	喷塑拉伸网	三维网
费用	综合单价(元)				**157.57**	**215.36**	**149.23**
	其中	人工费(元)			92.76	96.48	109.80
		材料费(元)			55.08	108.76	27.91
		施工机具使用费(元)			—	—	—
		企业管理费(元)			5.20	5.41	6.16
		利润(元)			2.86	2.97	3.38
		一般风险费(元)			1.67	1.74	1.98
	编码	名称	单位	单价(元)	消耗量		
人工	000900010	园林综合工	工日	120.00	0.773	0.804	0.915
材料	032100843	镀锌铁丝网 $\phi3.6\times40\times40$	m^2	5.09	10.500	—	—
	323500020	喷塑拉伸网	m^2	10.26	—	10.500	—
	323500050	三维网	m^2	2.56	—	—	10.500
	010302110	镀锌铁丝 综合	kg	3.08	0.195	—	—
	032134821	铁件(U形钉)	kg	4.06	0.254	0.254	0.254

A.2.11 假植(编码:050102B01)

A.2.11.1 乔木(裸根)

工作内容:挖假植沟、埋树苗、覆土、浇水、养护管理。 计量单位:株

定额编号					EA0178	EA0179	EA0180	EA0181	EA0182
项目名称					假植乔木				
					裸根(胸径mm以内)				
					40	60	80	100	120
费用	综合单价(元)				**1.68**	**3.27**	**5.79**	**11.45**	**17.68**
	其中	人工费(元)			1.44	2.76	4.92	9.96	15.48
		材料费(元)			0.09	0.22	0.35	0.44	0.57
		施工机具使用费(元)			—	—	—	—	—
		企业管理费(元)			0.08	0.15	0.28	0.56	0.87
		利润(元)			0.04	0.09	0.15	0.31	0.48
		一般风险费(元)			0.03	0.05	0.09	0.18	0.28
	编码	名称	单位	单价(元)	消耗量				
人工	000900020	绿化综合工	工日	120.00	0.012	0.023	0.041	0.083	0.129
材料	341100100	水	m^3	4.42	0.020	0.050	0.080	0.100	0.130

A.2.11.2　**灌木(裸根)**

工作内容:挖假植沟、埋树苗、覆土、浇水、养护管理。　　**计量单位**:株

定额编号					EA0183	EA0184	EA0185	EA0186
项目名称					假植灌木			
					裸根(冠丛高度 m 以内)			
					1	1.5	2	2.5
费用	**综合单价(元)**				**0.92**	**1.94**	**3.71**	**6.32**
	其中	人工费(元)			0.72	1.44	2.76	4.92
		材料费(元)			0.13	0.35	0.66	0.88
		施工机具使用费(元)			—	—	—	—
		企业管理费(元)			0.04	0.08	0.15	0.28
		利润(元)			0.02	0.04	0.09	0.15
		一般风险费(元)			0.01	0.03	0.05	0.09
	编码	名称	单位	单价(元)	消耗量			
人工	000900020	绿化综合工	工日	120.00	0.006	0.012	0.023	0.041
材料	341100100	水	m^3	4.42	0.030	0.080	0.150	0.200

A.2.12　绿化养护(编码:050102B02)

A.2.12.1　**乔木**

工作内容:中耕施肥、整地除草、修剪剥芽、防病除害、清除枯枝、灌溉排水、环境清理等。　　**计量单位**:10 株/年

定额编号					EA0187	EA0188
项目名称					常绿乔木	
					胸径(mm)	
					200 以内	300 以内
费用	**综合单价(元)**				**446.40**	**640.22**
	其中	人工费(元)			383.52	553.92
		材料费(元)			22.65	28.20
		施工机具使用费(元)			—	—
		企业管理费(元)			21.52	31.07
		利润(元)			11.81	17.06
		一般风险费(元)			6.90	9.97
	编码	名称	单位	单价(元)	消耗量	
人工	000900020	绿化综合工	工日	120.00	3.196	4.616
材料	341100100	水	m^3	4.42	1.811	2.730
	322700020	农药	kg	44.25	0.247	0.270
	322700230	肥料	kg	1.30	2.520	2.800
	002000020	其他材料费	元	—	0.44	0.55

工作内容：中耕施肥、整地除草、修剪剥芽、防病除害、清除枯枝、灌溉排水、环境清理等。　　计量单位：10株/年

定额编号					EA0189	EA0190
项目名称					落叶乔木	
					胸径(mm)	
					200以内	300以内
费用	综合单价(元)				**482.17**	**700.98**
	其中	人工费(元)			416.64	609.24
		材料费(元)			21.83	27.83
		施工机具使用费(元)			—	—
		企业管理费(元)			23.37	34.18
		利润(元)			12.83	18.76
		一般风险费(元)			7.50	10.97
	编码	名称	单位	单价(元)	消耗量	
人工	000900020	绿化综合工	工日	120.00	3.472	5.077
材料	341100100	水	m^3	4.42	1.450	2.180
	322700020	农药	kg	44.25	0.250	0.300
	322700230	肥料	kg	1.30	3.020	3.360
	002000020	其他材料费	元	—	0.43	0.55

A.2.12.2　**球形植物**

工作内容：中耕施肥、整地除草、修剪剥芽、防病除害、清除枯枝、灌溉排水、环境清理等。　　计量单位：10株/年

定额编号					EA0191	EA0192	EA0193	EA0194
项目名称					球形植物			
					冠幅(mm)			
					2500以内	3000以内	3500以内	3500以上
费用	综合单价(元)				**185.62**	**213.73**	**256.76**	**324.44**
	其中	人工费(元)			117.36	138.72	170.64	224.04
		材料费(元)			55.96	60.46	68.22	76.90
		施工机具使用费(元)			—	—	—	—
		企业管理费(元)			6.58	7.78	9.57	12.57
		利润(元)			3.61	4.27	5.26	6.90
		一般风险费(元)			2.11	2.50	3.07	4.03
	编码	名称	单位	单价(元)	消耗量			
人工	000900020	绿化综合工	工日	120.00	0.978	1.156	1.422	1.867
材料	322700230	肥料	kg	1.30	8.000	8.800	9.680	10.648
	322700020	农药	kg	44.25	0.855	0.914	1.034	1.138
	341100100	水	m^3	4.42	1.500	1.671	1.932	2.532
	002000020	其他材料费	元	—	1.10	1.19	1.34	1.51

A.2.12.3 草坪

工作内容：整地镇压、割草修边、清除草屑、挑除杂草、空秃补植、加土施肥、防病除害、灌溉排水、环境清理等。

计量单位：10m²/年

定额编号					EA0195
项目名称					暖地型草坪
					直生带
费用	综合单价（元）				**68.41**
	其中	人工费（元）			50.64
		材料费（元）			12.46
		施工机具使用费（元）			—
		企业管理费（元）			2.84
		利润（元）			1.56
		一般风险费（元）			0.91
	编码	名称	单位	单价(元)	消耗量
人工	000900020	绿化综合工	工日	120.00	0.422
材料	322700230	肥料	kg	1.30	2.482
	322700020	农药	kg	44.25	0.045
	341100100	水	m³	4.42	1.584
	002000020	其他材料费	元	—	0.24

工作内容：整地镇压、割草修边、清除草屑、挑除杂草、空秃补植、加土施肥、防病除害、灌溉排水、环境清理等。

计量单位：10m²/年

定额编号					EA0196
项目名称					冷地型草坪
					直生带
费用	综合单价（元）				**79.84**
	其中	人工费（元）			58.44
		材料费（元）			15.27
		施工机具使用费（元）			—
		企业管理费（元）			3.28
		利润（元）			1.80
		一般风险费（元）			1.05
	编码	名称	单位	单价(元)	消耗量
人工	000900020	绿化综合工	工日	120.00	0.487
材料	322700230	肥料	kg	1.30	2.976
	322700020	农药	kg	44.25	0.061
	341100100	水	m³	4.42	1.901
	002000020	其他材料费	元	—	0.30

工作内容：整地镇压、割草修边、清除草屑、挑除杂草、空秃补植、加土施肥、防病除害、灌溉排水、环境清理等。

计量单位：100m²/年

定额编号					EA0197
项目名称					混合型草坪
					直生带
费用	综合单价（元）				**89.46**
	其中	人工费（元）			66.24
		材料费（元）			16.27
		施工机具使用费（元）			—
		企业管理费（元）			3.72
		利润（元）			2.04
		一般风险费（元）			1.19
	编码	名称	单位	单价(元)	消耗量
人工	000900020	绿化综合工	工日	120.00	0.552
材料	322700230	肥料	kg	1.30	2.792
	322700020	农药	kg	44.25	0.057
	341100100	水	m³	4.42	2.217
	002000020	其他材料费	元	—	0.32

A.3　绿地喷灌(编码:050103)

A.3.1　喷灌管线安装(编码:050103001)

工作内容：现场清理、混凝土搅拌、巩固保护等。

定额编号					EA0198	EA0199	EA0200	EA0201
项目名称					给水管固筑			
					公称外径 75mm 以内	公称外径 110mm 以内	公称外径 160mm 以内	填砂
单位					处			m³
费用	综合单价（元）				**8.62**	**15.13**	**25.06**	**116.57**
	其中	人工费（元）			0.13	0.13	0.13	8.13
		材料费（元）			8.48	14.99	24.92	107.58
		施工机具使用费（元）			—	—	—	—
		企业管理费（元）			0.01	0.01	0.01	0.46
		利润（元）			—	—	—	0.25
		一般风险费（元）			—	—	—	0.15
	编码	名称	单位	单价(元)	消耗量			
人工	000300150	管工综合工	工日	125.00	0.001	0.001	0.001	0.065
材料	840101030	现浇混凝土 C20	m³	247.57	0.034	0.060	0.100	—
	040300760	特细砂	t	63.11	—	—	—	1.703
	002000010	其他材料费	元	—	0.06	0.14	0.16	0.10

A.3.2 喷灌配件安装(编码:050103002)

工作内容:打孔、接快速接头、支杈杆安装七件套喷头等。　　计量单位:个

		定额编号			EA0202
		项目名称			微喷
费用		**综合单价(元)**			**41.50**
	其中	人工费(元)			1.00
		材料费(元)			40.39
		施工机具使用费(元)			—
		企业管理费(元)			0.06
		利润(元)			0.03
		一般风险费(元)			0.02
	编码	名称	单位	单价(元)	消耗量
人工	000300150	管工综合工	工日	125.00	0.008
材料	002000010	其他材料费	元	—	0.14
	232100040	微喷七件套	套	30.00	1.000
	052500960	支杈杆	个	5.98	1.000
	180301850	快速接头	个	4.27	1.000

工作内容:连接PE管,安装绞制PE管喷头等。　　计量单位:个

		定额编号			EA0203	EA0204
		项目名称			绞接头	
					公称外径25mm以内	公称外径32mm以内
费用		**综合单价(元)**			**4.93**	**5.61**
	其中	人工费(元)			0.75	0.75
		材料费(元)			4.11	4.79
		施工机具使用费(元)			—	—
		企业管理费(元)			0.04	0.04
		利润(元)			0.02	0.02
		一般风险费(元)			0.01	0.01
	编码	名称	单位	单价(元)	消耗量	
人工	000300150	管工综合工	工日	125.00	0.006	0.006
材料	172504950	PE管 $DN25$	m	2.84	0.600	—
	172504960	PE管 $DN32$	m	3.97	—	0.600
	181510400	UPVC外丝接头 $DN25$	个	1.28	1.000	1.000
	180913300	UPVC内丝接头 $DN25$	个	0.85	1.000	1.000
	021300720	聚四氟乙烯生料带	m	0.29	0.400	0.400
	002000010	其他材料费	元	—	0.16	0.16

B　园路、园桥工程

说　明

一、一般说明

本章定额缺项的，按《重庆市房屋建筑与装饰工程计价定额》相应定额子目执行。

二、园路、园桥工程

1.园路适用于公园、小游园、绿地内、庭园内的行人通道、蹬道和带有部分踏步的坡道；不适用于工厂厂院及住宅小区内的行车道路。

2.园路地面块料面层定额子目已包括了结合（黏结）层，但不包括垫层，垫层按《重庆市房屋建筑与装饰工程计价定额》相应定额子目执行。块料面层的砂浆结合（黏结）层厚度与设计厚度不同时允许调整材料，其他不作调整。

3.园路地面花岗石铺装是按材料厚30mm、厚50mm编制的，材料不同时允许调整材料，其他不作调整。

4.块料面层中的瓦片铺装，其小青瓦的规格按180mm×190mm×8mm编制的，材料不同时允许调整材料耗量，其他不作调整。

5.砖平铺地面做人字纹、席纹图案时执行拐子锦定额子目，砖平铺地面做龟背锦图案时执行八方锦定额子目。

6.满铺卵石地面中用砖或瓦片拼花时，拼花部分执行相关地面定额子目，人工乘以系数1.5。

7.满铺卵石地面定额子目，适用于手工卵石挨卵石粘贴，卵石间不留缝隙；散铺卵石定额子目，适用于指卵石自然铺撒在粘接层上，用铁板压实成活。

8.踏（蹬）道（编码：050201002）未编制，按山坡（卵）石台阶（编码：050301008）相应定额子目执行。

9.路牙铺设和树池围牙规格不同时，允许调整材料，其他不作调整。安砌成品混凝土及花岗石路缘石，是按400×150规格确定的材料单价，实际规格不同时材料可做调整。

10.园桥定额子目适用于建造在庭园内，供游人通行有观赏价值的步桥。在庭园外建造的不适用于本定额。

11.园桥基础、桥台、桥墩、护坡、桥面等定额子目，缺项时按《重庆市市政工程计价定额》等相应定额子目执行，人工乘以系数1.25，其他不作调整。

12.木桥面板半圆半径不同时允许调整材料，其他不作调整。

13.木台面制安，防腐木实际厚度与定额不同时，允许调整材料，其他不作调整。

14.石桥的金刚墙定额子目，已综合了桥身的各部位金刚墙因素。不分雁翅金刚墙、分水金刚墙和两边金刚墙，均按本定额执行。

三、驳岸、护岸

1.卵石护岸定额子目适用于满铺卵石护岸，不适用于点布大卵石护岸。

2.点（散）布大卵石（编码：050202004）未编制，按C.1.5零星点布风景石定额子目执行。

3.框格花木护岸（编码：050202005）未编制，按《重庆市房屋建筑与装饰工程计价定额》相应定额子目执行，框格花木护岸的铺草皮、撒草籽等按本定额绿化工程相应定额子目执行。

工程量计算规则

一、园路、园桥工程

1.园路垫层按设计图示尺寸以体积计算。如设计未作规定时，垫层均按园路路面设计宽度每侧加宽50mm乘以厚度计算。

2.园路面层按设计图示尺寸以面积计算，不包括路牙。应扣除面积在$0.5m^2$以上的树池、花坛、沟盖板、景墙、雕塑基座及其他底座所占面积。

3.碎砖墁地按设计图示尺寸以面积计算，不扣除砖、瓦条拼花所占面积。如砌砖芯时，应扣除砖芯所占面积。

4.卵石拼花、拼字，均按其外接矩形或圆形面积计算。

5.贴陶瓷片按设计图示尺寸以实铺面积计算。瓷片拼花或拼字时，按其外接矩形或圆形面积计算，工程量乘以系数0.80。

6.路牙铺设、树池围牙按设计图示尺寸以长度计算。

7.成品树池箅子按设计图示数量计算。

8.植草砖(格栅)按设计图示尺寸以面积计算。

9.园桥基础、桥台、桥墩、护坡按设计图示尺寸以体积计算。

10.石桥面铺装按设计图示尺寸以面积计算。

11.拱券石、券脸石制作安装按设计图示尺寸以体积计算。

12.型钢锔子、铸铁银锭按设计图示数量计算。

13.石汀步按设计图示尺寸以体积计算。

14.木制步桥木梁制作、安装按设计图示尺寸以体积计算；加固铁件按设计图示尺寸以质量计算；木桥面、平台面板制安按设计图示尺寸以面积计算；木桥挂檐板按设计图示尺寸以面积计算；木制栏杆以地面上皮至扶手上皮间高度乘以长度(不扣除木柱)以面积计算；木台阶按设计图示尺寸以水平投影面积计算。

15.木栈道、木平台按面板设计图示尺寸以面积计算。

二、驳岸、护岸

1.自然式驳(护)岸用自然石堆砌，按实际使用石料数量以质量计算。

2.原木柱驳岸按设计图示尺寸以桩长度(包括桩尖)乘以截面积以体积计算。

3.铺卵石驳岸按设计图示尺寸以护岸展开面积计算。

B.1 园路、园桥工程(编码:050201)

B.1.1 园路(编码:050201001)

B.1.1.1 园路基础

工作内容:放线、厚度在300mm内挖填找平、弃土2m以外,底层平整、夯实等。

计量单位:$10m^2$

定额编号					EB0001
项目名称					园路土基 整理路床
费用	**综合单价(元)**				**36.28**
	其中	人工费(元)			32.04
		材料费(元)			—
		施工机具使用费(元)			—
		企业管理费(元)			2.27
		利润(元)			1.39
		一般风险费(元)			0.58
	编码	名称	单位	单价(元)	消耗量
人工	000900010	园林综合工	工日	120.00	0.267

工作内容:底层平整、洒水拌和、铺设、找平、压(夯)实、养护等。

计量单位:m^3

定额编号					EB0002	EB0003	EB0004	EB0005	EB0006
项目名称					园路基层				
					砂	炉渣	碎石	自拌混凝土	商品混凝土
费用	**综合单价(元)**				**176.45**	**144.51**	**206.05**	**348.12**	**287.50**
	其中	人工费(元)			35.52	43.08	51.36	80.73	30.59
		材料费(元)			135.79	95.73	147.18	236.57	252.86
		施工机具使用费(元)			0.44	—	0.72	20.14	—
		企业管理费(元)			2.51	3.05	3.64	5.72	2.17
		利润(元)			1.55	1.87	2.23	3.51	1.33
		一般风险费(元)			0.64	0.78	0.92	1.45	0.55
	编码	名称	单位	单价(元)	消耗量				
人工	000900010	园林综合工	工日	120.00	0.296	0.359	0.428	—	—
	000300080	混凝土综合工	工日	115.00	—	—	—	0.702	0.266
材料	040300750	特细砂	m^3	83.31	1.614	—	0.406	—	—
	040700050	炉渣	m^3	56.41	—	1.683	—	—	—
	040500209	碎石 5~40	t	67.96	—	—	1.668	—	—
	341100100	水	m^3	4.42	0.300	0.180	—	0.733	0.356
	800206020	砼C20(塑、特、碎5~31.5、坍10~30)	m^3	229.88	—	—	—	1.015	—
	840201150	商品砼 C15	m^3	247.57	—	—	—	—	1.015
机械	990123020	电动夯实机 200~620N·m	台班	27.58	0.016	—	0.026	—	—
	990602020	双锥反转出料混凝土搅拌机 350L	台班	226.31	—	—	—	0.089	—

工作内容：1.模板制作、安装、拆除、整理堆放及场内外运输。
2.清理模板黏结物及模内杂物、刷隔离剂等。

计量单位：10m²

定额编号					EB0007
项目名称					园路
					混凝土基层模板
费用	综合单价（元）				365.96
	其中	人工费（元）			144.24
		材料费（元）			202.54
		施工机具使用费（元）			0.10
		企业管理费（元）			10.21
		利润（元）			6.27
		一般风险费（元）			2.60
	编码	名称	单位	单价（元）	消耗量
人工	000300060	模板综合工	工日	120.00	1.202
材料	050303800	木材 锯材	m³	1547.01	0.072
	030100650	铁钉	kg	7.26	0.184
	143502500	隔离剂	kg	0.94	1.000
	010302020	镀锌铁丝 22#	kg	3.08	0.018
	350100011	复合模板	m²	23.93	2.468
	850201030	预拌水泥砂浆 1:2	m³	398.06	0.001
	010100010	钢筋 综合	kg	3.07	8.652
	002000010	其他材料费	元	—	2.81
机械	990706010	木工圆锯机 直径 500mm	台班	25.81	0.004

B.1.1.2 整体面层

工作内容：1.放线、整修路槽、清理底层、调浆、铺设面层、嵌缝。
2.混凝土、砂浆拌和、运输、压实（印）、抹平、养护等。

计量单位：10m²

定额编号					EB0008	EB0009	EB0010	EB0011
项目名称					混凝土路面			彩色压印艺术地坪
					纹形现浇	水刷石现浇	纹形、水刷石现浇	厚 4mm
					厚 120mm		每增加厚 10mm	
费用	综合单价（元）				486.98	823.61	38.95	179.72
	其中	人工费（元）			187.91	392.61	10.01	126.85
		材料费（元）			269.24	374.75	23.54	36.09
		施工机具使用费（元）			4.98	4.30	4.07	—
		企业管理费（元）			13.30	27.80	0.71	8.98
		利润（元）			8.17	17.08	0.44	5.52
		一般风险费（元）			3.38	7.07	0.18	2.28
	编码	名称	单位	单价（元）	消耗量			
人工	000300080	混凝土综合工	工日	115.00	1.634	3.414	0.087	1.103
材料	800206010	砼 C15（塑、特、碎 5～31.5、坍 10～30）	m³	215.49	1.220	—	—	—
	800206020	砼 C20（塑、特、碎 5～31.5、坍 10～30）	m³	229.88	—	1.060	0.100	—
	810401030	水泥白石子浆 1:2	m³	775.39	—	0.160	—	—
	143508100	彩色强化剂	kg	8.55	—	—	—	4.200
	341100100	水	m³	4.42	1.132	1.167	0.098	—
	002000020	其他材料费	元	—	1.34	1.86	0.12	0.18
机械	990602020	双锥反转出料混凝土搅拌机 350L	台班	226.31	0.022	0.019	0.018	—

工作内容：放线、整修路槽、夯实、修平垫层、调浆、铺面层、嵌缝、清扫。

计量单位：10m²

定额编号					EB0012	EB0013
项目名称					混凝土仿石面层	干粘石面层
费用	综合单价（元）				**2187.04**	**1864.80**
	其中	人工费（元）			1754.33	1403.46
		材料费（元）			195.92	272.48
		施工机具使用费（元）			4.69	3.19
		企业管理费（元）			124.21	99.36
		利润（元）			76.31	61.05
		一般风险费（元）			31.58	25.26
	编码	名称	单位	单价（元）	消耗量	
人工	000300080	混凝土综合工	工日	115.00	15.255	12.204
材料	810405010	水泥石屑浆 1:2	m³	314.43	0.620	—
	810402040	彩色石子浆 1:2.5	m³	874.57	—	0.310
	002000020	其他材料费	元	—	0.97	1.36
机械	990610010	灰浆搅拌机 200L	台班	187.56	0.025	0.017

B.1.1.3 **块料面层**

工作内容：放线、夯实、修平垫层、调浆、铺面层、嵌缝、清扫。

计量单位：10m²

定额编号					EB0014	EB0015	EB0016	EB0017
项目名称					块料面层			
					预制方块混凝土板	预制异形块混凝土板	乱铺冰片石（斧劈石）	
					（不含混凝土方块制作）		自然边	机切边
					厚 50mm			
费用	综合单价（元）				**716.84**	**774.39**	**1123.35**	**1186.98**
	其中	人工费（元）			118.17	130.26	324.87	357.37
		材料费（元）			579.84	623.71	750.81	777.64
		施工机具使用费（元）			3.19	3.19	4.69	4.69
		企业管理费（元）			8.37	9.22	23.00	25.30
		利润（元）			5.14	5.67	14.13	15.55
		一般风险费（元）			2.13	2.34	5.85	6.43
	编码	名称	单位	单价（元）	消耗量			
人工	000300120	镶贴综合工	工日	130.00	0.909	1.002	2.499	2.749
材料	041503330	混凝土方块	m²	51.28	10.200	—	—	—
	040502270	冰片石（斧劈石）	m²	53.40	—	—	12.500	13.000
	041503320	预制混凝土方块（异形）	m²	55.56	—	10.200	—	—
	810201030	水泥砂浆 1:2（特）	m³	256.68	0.210	0.210	0.310	0.310
	002000020	其他材料费	元	—	2.88	3.10	3.74	3.87
机械	990610010	灰浆搅拌机 200L	台班	187.56	0.017	0.017	0.025	0.025

工作内容：放线、夯实、修平垫层、调浆、铺面层、嵌缝、清扫。

计量单位：10m²

定额编号					EB0018	EB0019	EB0020	EB0021	EB0022
项目名称					块料面层				
					沉江石	小方碎(块)石	六角形石板块	瓦片	碎缸片
费用	综合单价（元）				**1019.71**	**370.51**	**300.23**	**2051.94**	**1446.06**
	其中	人工费（元）			467.09	177.32	140.66	590.72	1020.11
		材料费（元）			487.63	165.05	137.77	1377.07	285.00
		施工机具使用费（元）			3.19	4.69	3.19	6.00	6.00
		企业管理费（元）			33.07	12.55	9.96	41.82	72.22
		利润（元）			20.32	7.71	6.12	25.70	44.37
		一般风险费（元）			8.41	3.19	2.53	10.63	18.36
	编码	名称	单位	单价(元)	消耗量				
人工	000300120	镶贴综合工	工日	130.00	3.593	1.364	1.082	4.544	7.847
材料	041100890	沉江石 300×300	m²	33.98	10.200	—	—	—	—
	041100320	小方块石	m³	77.67	—	1.090	—	—	—
	041100840	六角石板块	m³	81.55	—	—	1.020	—	—
	041700510	小青瓦	千疋	529.91	—	—	—	2.392	—
	312300010	碎缸片	t	71.79	—	—	—	—	2.520
	810201030	水泥砂浆 1:2(特)	m³	256.68	0.210	0.310	0.210	0.400	0.400
	810401030	水泥白石子浆 1:2	m³	775.39	0.100	—	—	—	—
	341100100	水	m³	4.42	0.081	—	—	—	—
	040100520	白色硅酸盐水泥	kg	0.75	2.580	—	—	—	—
	144107400	建筑胶	kg	1.97	2.056	—	—	—	—
	022700020	棉纱头	kg	8.19	0.100	—	—	—	—
	002000020	其他材料费	元	—	2.43	0.82	0.69	6.85	1.42
机械	990610010	灰浆搅拌机 200L	台班	187.56	0.017	0.025	0.017	0.032	0.032

工作内容：放线、夯实、修平垫层、调浆、铺面层、嵌缝、清扫。

计量单位：10m²

定额编号					EB0023	EB0024
项目名称					块料面层	
					方整石	乱铺块石
费用	综合单价（元）				**927.61**	**1396.67**
	其中	人工费（元）			548.60	615.94
		材料费（元）			303.25	655.54
		施工机具使用费（元）			3.19	43.70
		企业管理费（元）			38.84	43.61
		利润（元）			23.86	26.79
		一般风险费（元）			9.87	11.09
	编码	名称	单位	单价(元)	消耗量	
人工	000300120	镶贴综合工	工日	130.00	4.220	4.738
材料	041100510	方整石 300×200×220	m³	135.92	2.220	—
	041100310	块(片)石	m³	77.67	—	1.434
	002000010	其他材料费	元	—	1.51	2.98
	810104010	M5.0 水泥砂浆(特 稠度 70～90mm)	m³	182.83	—	2.960
机械	990610010	灰浆搅拌机 200L	台班	187.56	0.017	0.233

工作内容：放线、切割材料、调浆、铺面层、嵌缝、清扫。　　　　计量单位：10m²

定额编号						EB0025	EB0026
项目名称						块料面层	
						整石板面层	
						平道	坡道
费用	综合单价（元）					**773.66**	**897.60**
	其中	人工费（元）				345.67	455.13
		材料费（元）				371.94	371.94
		施工机具使用费（元）				10.32	10.32
		企业管理费（元）				24.47	32.22
		利润（元）				15.04	19.80
		一般风险费（元）				6.22	8.19
	编码	名称		单位	单价（元）	消耗量	
人工	000300120	镶贴综合工		工日	130.00	2.659	3.501
材料	041100520	整石板 1000×400×150		m^3	155.34	1.560	1.560
	810104010	M5.0 水泥砂浆（特 稠度 70～90mm）		m^3	182.83	0.700	0.700
	002000010	其他材料费		元	—	1.63	1.63
机械	990610010	灰浆搅拌机 200L		台班	187.56	0.055	0.055

工作内容：放线、切割材料、调浆、铺面层、嵌缝、清扫。　　　　计量单位：10m²

定额编号						EB0027	EB0028
项目名称						块料面层	
						碎石板面层	
						平道	坡道
费用	综合单价（元）					**758.55**	**923.41**
	其中	人工费（元）				445.90	591.50
		材料费（元）				240.33	240.33
		施工机具使用费（元）				13.32	13.32
		企业管理费（元）				31.57	41.88
		利润（元）				19.40	25.73
		一般风险费（元）				8.03	10.65
	编码	名称		单位	单价（元）	消耗量	
人工	000300120	镶贴综合工		工日	130.00	3.430	4.550
材料	041100830	碎石板		m^3	69.90	1.030	1.030
	810104010	M5.0 水泥砂浆（特 稠度 70～90mm）		m^3	182.83	0.900	0.900
	002000010	其他材料费		元	—	3.79	3.79
机械	990610010	灰浆搅拌机 200L		台班	187.56	0.071	0.071

工作内容：清理底层、结合层、选样、现场放线排样、铺设、灌缝、勾缝、扫缝、清扫净面、养护等。　　计量单位：10m²

定额编号					EB0029	EB0030
项目名称					块料面层	
					花岗岩碎拼	
					平道	坡道
费用	综合单价（元）				**1208.06**	**1394.57**
	其中	人工费（元）			506.48	612.04
		材料费（元）			631.38	698.37
		施工机具使用费（元）			3.19	3.19
		企业管理费（元）			35.86	43.33
		利润（元）			22.03	26.62
		一般风险费（元）			9.12	11.02
	编码	名称	单位	单价（元）	消耗量	
人工	000300120	镶贴综合工	工日	130.00	3.896	4.708
材料	810201030	水泥砂浆 1:2（特）	m³	256.68	0.210	0.210
	080300900	碎花岗岩	m²	51.28	11.200	12.500
	002000020	其他材料费	元	—	3.14	3.47
机械	990610010	灰浆搅拌机 200L	台班	187.56	0.017	0.017

工作内容：清理底层、结合层、选样、现场放线排样、铺设、灌缝、勾缝、扫缝、清扫净面、养护等。　　计量单位：10m²

定额编号					EB0031	EB0032	EB0033	EB0034
项目名称					块料面层			
					花岗石小料石（100×100）		花岗石地面	
					厚 100mm 以内	厚 100mm 以外	厚 30mm 以内	厚 50mm 以内
费用	综合单价（元）				**1818.84**	**2895.29**	**1474.58**	**1762.69**
	其中	人工费（元）			372.32	403.52	309.79	332.02
		材料费（元）			1395.20	2436.33	1121.74	1384.68
		施工机具使用费（元）			2.06	2.06	2.06	2.06
		企业管理费（元）			26.36	28.57	21.93	23.51
		利润（元）			16.20	17.55	13.48	14.44
		一般风险费（元）			6.70	7.26	5.58	5.98
	编码	名称	单位	单价（元）	消耗量			
人工	000300120	镶贴综合工	工日	130.00	2.864	3.104	2.383	2.554
材料	810201040	水泥砂浆 1:2.5（特）	m³	232.40	0.400	0.400	0.300	0.300
	080301010	花岗石石汀 100mm	m²	128.21	10.100	—	—	—
	080301020	花岗石石汀 200mm	m²	230.78	—	10.100	—	—
	080300810	花岗石板 30mm	m²	102.56	—	—	10.200	—
	080300820	花岗石板 50mm	m²	128.21	—	—	—	10.200
	341100100	水	m³	4.42	0.085	0.085	0.075	0.075
	002000020	其他材料费	元	—	6.94	12.12	5.58	6.89
机械	990610010	灰浆搅拌机 200L	台班	187.56	0.011	0.011	0.011	0.011

工作内容：清理底层、结合层、选样、现场放线排样、铺设、灌缝、勾缝、扫缝、清扫净面、养护等。　　计量单位：10m²

定额编号						EB0035	EB0036	EB0037	EB0038
项目名称						块料面层			
						青石板碎拼 自然边		青石板碎拼 机切边	
						厚 30mm 以内	厚 50mm 以内	厚 30mm 以内	厚 50mm 以内
费用	综合单价（元）					**1233.13**	**1317.93**	**1410.79**	**2009.24**
	其中	人工费（元）				356.85	392.60	415.22	475.02
		材料费（元）				827.02	871.32	938.58	1469.32
		施工机具使用费（元）				2.06	2.06	2.06	2.06
		企业管理费（元）				25.26	27.80	29.40	33.63
		利润（元）				15.52	17.08	18.06	20.66
		一般风险费（元）				6.42	7.07	7.47	8.55
	编码	名称		单位	单价（元）	消耗量			
人工	000300120	镶贴综合工		工日	130.00	2.745	3.020	3.194	3.654
材料	080500010	青石板 厚 20～25mm		m²	64.10	10.300	—	12.500	—
	080500020	青石板 厚 40～45mm		m²	68.38	—	10.300	—	12.500
	040100120	普通硅酸盐水泥 P.O 32.5		kg	0.30	—	—	0.155	0.155
	810201040	水泥砂浆 1∶2.5（特）		m³	232.40	0.700	0.700	0.550	0.550
	810425010	素水泥浆		m³	479.39	—	—	0.010	1.000
	002000020	其他材料费		元	—	4.11	4.33	4.67	7.31
机械	990610010	灰浆搅拌机 200L		台班	187.56	0.011	0.011	0.011	0.011

工作内容：清理基层、试排弹线、锯板修边、砂浆拌和、铺设、灌缝、勾缝、扫缝、清理净面、养护等。　　计量单位：10m²

定额编号						EB0039	EB0040
项目名称						广场砖铺装	
						不拼图案	拼图案
费用	综合单价（元）					**609.10**	**634.80**
	其中	人工费（元）				267.02	285.87
		材料费（元）				300.36	304.72
		施工机具使用费（元）				6.38	6.38
		企业管理费（元）				18.91	20.24
		利润（元）				11.62	12.44
		一般风险费（元）				4.81	5.15
	编码	名称		单位	单价（元）	消耗量	
人工	000300120	镶贴综合工		工日	130.00	2.054	2.199
材料	360900100	广场砖 综合		m²	24.79	8.859	9.033
	810201030	水泥砂浆 1∶2（特）		m³	256.68	0.303	0.303
	002000020	其他材料费		元	—	2.97	3.02
机械	990610010	灰浆搅拌机 200L		台班	187.56	0.034	0.034

B.1.1.4 卵石地面

工作内容：洗石子、摆石子、灌浆、清水冲洗等。 **计量单位**：$10m^2$

		定额编号			EB0041	EB0042	EB0043	EB0044
		项目名称			卵石铺地满铺			
					拼花平面(直径)(mm)			
					20以内	40以内	60以内	60以上
费用		**综合单价(元)**			**1574.52**	**1455.58**	**1336.64**	**1207.29**
	其中	人工费(元)			1261.52	1156.48	1051.44	946.40
		材料费(元)			140.84	140.84	140.84	130.98
		施工机具使用费(元)			5.25	5.25	5.25	4.69
		企业管理费(元)			89.32	81.88	74.44	67.01
		利润(元)			54.88	50.31	45.74	41.17
		一般风险费(元)			22.71	20.82	18.93	17.04
	编码	名称	单位	单价(元)	消耗量			
人工	000300120	镶贴综合工	工日	130.00	9.704	8.896	8.088	7.280
材料	810201030	水泥砂浆 1:2(特)	m^3	256.68	0.360	0.360	0.360	0.320
	040500850	卵石 彩色	t	64.00	0.170	0.170	0.170	0.170
	040501110	卵石	t	64.00	0.550	0.550	0.550	0.560
	341100100	水	m^3	4.42	0.392	0.392	0.392	0.354
	002000010	其他材料费	元	—	0.62	0.62	0.62	0.56
机械	990610010	灰浆搅拌机 200L	台班	187.56	0.028	0.028	0.028	0.025

工作内容：洗石子、摆石子、灌浆、清水冲洗等。 **计量单位**：$10m^2$

		定额编号			EB0045	EB0046	EB0047	EB0048
		项目名称			卵石铺地满铺			
					拼花凸地面(直径)(mm)			
					20以内	40以内	60以内	60以上
费用		**综合单价(元)**			**1889.19**	**1745.52**	**1603.04**	**1464.74**
	其中	人工费(元)			1514.24	1387.36	1261.52	1149.20
		材料费(元)			168.23	168.23	168.23	157.69
		施工机具使用费(元)			6.38	6.38	6.38	5.81
		企业管理费(元)			107.21	98.23	89.32	81.36
		利润(元)			65.87	60.35	54.88	49.99
		一般风险费(元)			27.26	24.97	22.71	20.69
	编码	名称	单位	单价(元)	消耗量			
人工	000300120	镶贴综合工	工日	130.00	11.648	10.672	9.704	8.840
材料	810201030	水泥砂浆 1:2(特)	m^3	256.68	0.430	0.430	0.430	0.390
	040500850	卵石 彩色	t	64.00	0.200	0.200	0.200	0.200
	040501110	卵石	t	64.00	0.660	0.660	0.660	0.660
	341100100	水	m^3	4.42	0.471	0.471	0.471	0.423
	002000010	其他材料费	元	—	0.74	0.74	0.74	0.68
机械	990610010	灰浆搅拌机 200L	台班	187.56	0.034	0.034	0.034	0.031

工作内容:洗石子、摆石子、灌浆、清水冲洗等。　　　　**计量单位**:10m²

定额编号					EB0049	EB0050	EB0051	EB0052
项目名称					卵石铺地满铺			
					不拼花(直径)(mm)			
					20以内	40以内	60以内	60以上
费用	综合单价(元)				**967.04**	**896.38**	**859.88**	**778.00**
	其中	人工费(元)			724.88	662.48	630.24	567.84
		材料费(元)			140.82	140.82	140.82	130.35
		施工机具使用费(元)			5.44	5.44	5.44	4.69
		企业管理费(元)			51.32	46.90	44.62	40.20
		利润(元)			31.53	28.82	27.42	24.70
		一般风险费(元)			13.05	11.92	11.34	10.22
	编码	名称	单位	单价(元)	消耗量			
人工	000300120	镶贴综合工	工日	130.00	5.576	5.096	4.848	4.368
材料	810201030	水泥砂浆 1:2(特)	m³	256.68	0.360	0.360	0.360	0.320
	040501110	卵石	t	64.00	0.720	0.720	0.720	0.720
	341100100	水	m³	4.42	0.392	0.392	0.392	0.354
	002000010	其他材料费	元	—	0.60	0.60	0.60	0.57
机械	990610010	灰浆搅拌机 200L	台班	187.56	0.029	0.029	0.029	0.025

工作内容:洗石子、摆石子、灌浆、清水冲洗等。　　　　**计量单位**:10m²

定额编号					EB0053	EB0054
项目名称					卵石铺地	
					满铺、彩边	散铺
费用	综合单价(元)				**894.67**	**244.49**
	其中	人工费(元)			662.48	120.64
		材料费(元)			139.11	102.45
		施工机具使用费(元)			5.44	5.44
		企业管理费(元)			46.90	8.54
		利润(元)			28.82	5.25
		一般风险费(元)			11.92	2.17
	编码	名称	单位	单价(元)	消耗量	
人工	000300120	镶贴综合工	工日	130.00	5.096	0.982
材料	810201030	水泥砂浆 1:2(特)	m³	256.68	0.360	0.360
	040500850	卵石 彩色	t	64.00	0.720	—
	040501110	卵石	t	64.00	—	0.150
	341100100	水	m³	4.42	0.002	0.002
	002000010	其他材料费	元	—	0.62	0.44
机械	990610010	灰浆搅拌机 200L	台班	187.56	0.029	0.029

B.1.1.5　砖地面

工作内容：弹线、选砖、套规格、砍磨砖件、铺灰浆、铺砖块料、收缝、勾缝等。　　　　**计量单位**：$10m^2$

定额编号					EB0055	EB0056	EB0057	EB0058
项目名称					砖平铺地面			砖礓礤
					十字缝	八方锦	拐子锦	
费用	综合单价（元）				**504.32**	**520.21**	**538.06**	**1005.08**
	其中	人工费（元）			231.01	245.05	254.02	508.30
		材料费（元）			237.86	237.86	245.56	424.65
		施工机具使用费（元）			4.88	4.88	4.88	4.88
		企业管理费（元）			16.36	17.35	17.98	35.99
		利润（元）			10.05	10.66	11.05	22.11
		一般风险费（元）			4.16	4.41	4.57	9.15
	编码	名称	单位	单价（元）	消耗量			
人工	000300120	镶贴综合工	工日	130.00	1.777	1.885	1.954	3.910
材料	810201030	水泥砂浆 1:2（特）	m^3	256.68	0.330	0.330	0.360	0.330
	041300010	标准砖 240×115×53	千块	422.33	0.360	0.360	0.360	0.800
	002000010	其他材料费	元	—	1.12	1.12	1.12	2.08
机械	990610010	灰浆搅拌机 200L	台班	187.56	0.026	0.026	0.026	0.026

工作内容：砖铺地：弹线、选砖、套规格、砍磨砖件、铺灰浆、铺砖块料、收缝、勾缝等。
陶瓷片拼花拼字：选瓷片、起谱子、贴瓷片、清扫等。

定额编号					EB0059	EB0060	EB0061	EB0062	EB0063
项目名称					砖地面甬路交叉部分		砖侧铺地面	碎砖墁地	陶瓷片拼花拼字
					龟背锦	十字缝			
单位					处		$10m^2$		
费用	综合单价（元）				**67.42**	**28.41**	**654.59**	**246.97**	**1489.02**
	其中	人工费（元）			59.54	25.09	299.52	103.87	1254.11
		材料费（元）			—	—	312.06	124.48	68.25
		施工机具使用费（元）			—	—	3.38	4.88	0.75
		企业管理费（元）			4.22	1.78	21.21	7.35	88.79
		利润（元）			2.59	1.09	13.03	4.52	54.55
		一般风险费（元）			1.07	0.45	5.39	1.87	22.57
	编码	名称	单位	单价（元）	消耗量				
人工	000300120	镶贴综合工	工日	130.00	0.458	0.193	2.304	0.799	9.647
材料	040700200	碎砖	m^3	37.61	—	—	—	1.040	—
	041300010	标准砖 240×115×53	千块	422.33	—	—	0.640	—	—
	312300030	碎瓷片	kg	0.61	—	—	—	—	94.500
	810201030	水泥砂浆 1:2（特）	m^3	256.68	—	—	—	0.330	0.040
	810104010	M5.0 水泥砂浆（特 稠度 70～90mm）	m^3	182.83	—	—	0.220	—	—
	002000010	其他材料费	元	—	—	—	1.55	0.66	0.34
机械	990610010	灰浆搅拌机 200L	台班	187.56	—	—	0.018	0.026	0.004

B.1.2 路牙铺设(编码:050201003)

工作内容:弹线、选砖、套规格、砍磨砖件、挖沟槽、铺灰浆、铺砖块料、回填、勾缝等。　　计量单位:10m

定额编号					EB0064	EB0065	EB0066
项目名称					标准砖路牙		
					顺栽	立栽(1/4 砖)	立栽(1/2 砖)
费用	综合单价(元)				**160.43**	**233.60**	**274.50**
	其中	人工费(元)			68.77	114.66	113.28
		材料费(元)			77.68	98.89	141.35
		施工机具使用费(元)			4.88	4.88	4.88
		企业管理费(元)			4.87	8.12	8.02
		利润(元)			2.99	4.99	4.93
		一般风险费(元)			1.24	2.06	2.04
	编码	名称	单位	单价(元)	消耗量		
人工	000300100	砌筑综合工	工日	115.00	0.598	0.997	0.985
材料	810104010	M5.0 水泥砂浆(特 稠度 70～90mm)	m^3	182.83	0.330	0.330	0.330
	041300010	标准砖 240×115×53	千块	422.33	0.040	0.090	0.190
	002000010	其他材料费	元	—	0.45	0.55	0.77
机械	990610010	灰浆搅拌机 200L	台班	187.56	0.026	0.026	0.026

工作内容:挖沟槽、砂浆拌和、运输、砌路牙、回填、勾缝、清理等。　　计量单位:10m

定额编号					EB0067	EB0068
项目名称					安砌成品路缘石	
					混凝土	花岗石
费用	综合单价(元)				**292.74**	**996.31**
	其中	人工费(元)			103.50	103.50
		材料费(元)			174.80	878.37
		施工机具使用费(元)			0.75	0.75
		企业管理费(元)			7.33	7.33
		利润(元)			4.50	4.50
		一般风险费(元)			1.86	1.86
	编码	名称	单位	单价(元)	消耗量	
人工	000300100	砌筑综合工	工日	115.00	0.900	0.900
材料	810104030	M10.0 水泥砂浆(特 稠度 70～90mm)	m^3	209.07	0.006	0.006
	360700210	混凝土路缘石	m	16.84	10.100	—
	360700300	花岗石路缘石(成品)	m	85.47	—	10.100
	341100100	水	m^3	4.42	0.200	0.200
	002000020	其他材料费	元	—	2.58	12.98
机械	990610010	灰浆搅拌机 200L	台班	187.56	0.004	0.004

工作内容:卵石路牙:清扫基层、铺砂浆、摆卵石、清理等。
杉树桩路牙:放线、挖沟槽、铺碎石混凝土垫层、木桩根部防腐处理,安装、固定、填碎石混凝土,地表部分刷油漆,桐底油一遍,仿生漆二遍。

计量单位:10m

		定额编号			EB0069	EB0070
项目名称					卵石(自然摆放)	杉树桩
					粒径 30~40cm	直径 10~20cm,高 55~60cm
费用		**综合单价(元)**			**300.50**	**2733.17**
	其中	人工费(元)			147.36	245.64
		材料费(元)			128.59	2455.03
		施工机具使用费(元)			5.06	—
		企业管理费(元)			10.43	17.39
		利润(元)			6.41	10.69
		一般风险费(元)			2.65	4.42
	编码	名称	单位	单价(元)	消耗量	
人工	000900010	园林综合工	工日	120.00	1.228	2.047
材料	810201030	水泥砂浆 1:2(特)	m^3	256.68	0.200	—
	050301415	杉树桩 直径 10~20cm,高 55~60cm	根	21.37	—	102.000
	040501130	卵石 300~400	t	64.00	1.200	—
	840101020	混凝土 C15	m^3	247.57	—	0.800
	140100020	防腐油膏	kg	8.21	—	5.000
	140100200	熟桐油	kg	6.84	—	0.500
	130104110	仿生漆	kg	30.25	—	0.800
	002000020	其他材料费	元	—	0.45	8.56
机械	990610010	灰浆搅拌机 200L	台班	187.56	0.027	—

B.1.3 树池围牙、盖板(箅子)(编码:050201004)

工作内容:放线、平基、运料、调制砂浆、安砌、勾缝、清理、养护。

		定额编号			EB0071	EB0072	EB0073
项目名称					安砌植树框(10cm×15cm×50cm)		树池箅子
					混凝土	石质	
单位					10m		套
费用		**综合单价(元)**			**186.89**	**239.32**	**83.09**
	其中	人工费(元)			54.97	54.97	12.08
		材料费(元)			124.27	176.70	69.41
		施工机具使用费(元)			0.38	0.38	—
		企业管理费(元)			3.89	3.89	0.85
		利润(元)			2.39	2.39	0.53
		一般风险费(元)			0.99	0.99	0.22
	编码	名称	单位	单价(元)	消耗量		
人工	000300100	砌筑综合工	工日	115.00	0.478	0.478	0.105
材料	082100020	砼植树框	m	12.00	10.150	—	—
	082100030	石质植树框	m	17.09	—	10.150	—
	360102910	树池箅子	套	68.38	—	—	1.000
	002000020	其他材料费	元	—	1.84	2.61	1.03
	810104030	M10.0 水泥砂浆(特 稠度 70~90mm)	m^3	209.07	0.003	0.003	—
机械	990610010	灰浆搅拌机 200L	台班	187.56	0.002	0.002	—

工作内容：树池内填充等。　　计量单位：10m²

定额编号					EB0074	EB0075
项目名称					树池填充	
					厚 100mm	
					树皮	卵石
费用	综合单价（元）				**1742.12**	**168.43**
	其中	人工费（元）			37.20	40.80
		材料费（元）			1700.00	122.24
		施工机具使用费（元）			—	—
		企业管理费（元）			2.63	2.89
		利润（元）			1.62	1.77
		一般风险费（元）			0.67	0.73
	编码	名称	单位	单价(元)	消耗量	
人工	000900010	园林综合工	工日	120.00	0.310	0.340
材料	323700030	块状树皮	m³	1700.00	1.000	—
	040501110	卵石	t	64.00	—	1.910

B.1.4 嵌草砖(格)铺装(编码:050201005)

工作内容：放线、夯实、修平垫层、调浆、铺砖、清扫。　　计量单位：10m²

定额编号					EB0076
项目名称					植草格栅
费用	综合单价（元）				**742.95**
	其中	人工费（元）			156.39
		材料费（元）			565.87
		施工机具使用费（元）			—
		企业管理费（元）			11.07
		利润（元）			6.80
		一般风险费（元）			2.82
	编码	名称	单位	单价(元)	消耗量
人工	000300120	镶贴综合工	工日	130.00	1.203
材料	093702000	植草格栅	m²	51.28	10.500
	040300760	特细砂	t	63.11	0.390
	002000020	其他材料费	元	—	2.82

B.1.5　桥基础(编码:050201006)

工作内容:选料、运石、调制砂浆、铺砂浆、砌石。　　　　计量单位:m³

定额编号					EB0077
项目名称					毛石基础
费用	综合单价(元)				**292.42**
	其中	人工费(元)			105.34
		材料费(元)			167.70
		施工机具使用费(元)			5.44
		企业管理费(元)			7.46
		利润(元)			4.58
		一般风险费(元)			1.90
	编码	名称	单位	单价(元)	消耗量
人工	000300100	砌筑综合工	工日	115.00	0.916
材料	810104030	M10.0 水泥砂浆(特 稠度 70～90mm)	m³	209.07	0.360
	041100310	块(片)石	m³	77.67	1.180
	002000010	其他材料费	元	—	0.78
机械	990610010	灰浆搅拌机 200L	台班	187.56	0.029

B.1.6　石桥台、石桥墩(编码:050201007)

工作内容:选料、运石、调制砂浆、铺砂浆、砌石。　　　　计量单位:m³

定额编号					EB0078	EB0079	EB0080
项目名称					桥台		条石桥墩
					毛石	条石	
费用	综合单价(元)				**321.02**	**404.99**	**404.99**
	其中	人工费(元)			131.68	170.09	170.09
		材料费(元)			166.67	208.65	208.65
		施工机具使用费(元)			5.25	3.75	3.75
		企业管理费(元)			9.32	12.04	12.04
		利润(元)			5.73	7.40	7.40
		一般风险费(元)			2.37	3.06	3.06
	编码	名称	单位	单价(元)	消耗量		
人工	000300100	砌筑综合工	工日	115.00	1.145	1.479	1.479
材料	810104030	M10.0 水泥砂浆(特 稠度 70～90mm)	m³	209.07	0.340	0.250	0.250
	041100310	块(片)石	m³	77.67	1.220	—	—
	041100020	毛条石	m³	155.34	—	1.000	1.000
	002000020	其他材料费	元	—	0.83	1.04	1.04
机械	990610010	灰浆搅拌机 200L	台班	187.56	0.028	0.020	0.020

B.1.7 拱券石(编码:050201008)

工作内容:清现基层、砂浆拌和、砌筑灌浆、运输、砌筑灌浆。

计量单位:m^3

定额编号						EB0081	EB0082
项目名称						砖 拱券砌筑	花岗岩 内券石安装
费用	综合单价(元)					**2392.39**	**1291.74**
	其中	人工费(元)				158.59	804.31
		材料费(元)				2212.82	372.49
		施工机具使用费(元)				—	8.52
		企业管理费(元)				11.23	56.95
		利润(元)				6.90	34.99
		一般风险费(元)				2.85	14.48
	编码	名称		单位	单价(元)	消耗量	
人工	000300100	砌筑综合工		工日	115.00	1.379	6.994
材料	041300010	标准砖 240×115×53		千块	422.33	5.100	—
	292501010	单面连接螺栓 R-8		个	0.68	0.575	0.575
	810104010	M5.0 水泥砂浆(特 稠度 70~90mm)		m^3	182.83	0.260	0.304
	810201010	水泥砂浆 1:1(特)		m^3	334.13	—	0.020
	032102860	钢钎		kg	6.50	—	0.256
	032130010	铁件 综合		kg	3.68	—	0.120
	015300110	铅板 厚 3mm		kg	14.53	—	0.360
	080301060	花岗石内旋石		m^3	299.15	—	1.005
	002000020	其他材料费		元	—	11.01	1.85
机械	990304001	汽车式起重机 5t		台班	473.39	—	0.018

工作内容:模板制作、安装、刷油、拆除、整理、堆放、场内外运输。

计量单位:m^2

定额编号						EB0083
项目名称						步桥模板 砖拱券(花岗石璇券)
费用	综合单价(元)					**55.92**
	其中	人工费(元)				28.56
		材料费(元)				19.54
		施工机具使用费(元)				4.05
		企业管理费(元)				2.02
		利润(元)				1.24
		一般风险费(元)				0.51
	编码	名称		单位	单价(元)	消耗量
人工	000300060	模板综合工		工日	120.00	0.238
材料	050303800	木材 锯材		m^3	1547.01	0.012
	002000010	其他材料费		元	—	0.98
机械	990304001	汽车式起重机 5t		台班	473.39	0.006
	990401020	载重汽车 5t		台班	404.73	0.003

B.1.8 石券脸(编码:050201009)

工作内容:砂浆拌和、运输、吊装、截头打眼、拼缝安装、灌缝净面等。 计量单位:m^3

定额编号					EB0084	EB0085
项目名称					券脸	
					砂石	花岗石
费用	综合单价(元)				**1744.26**	**1684.20**
	其中	人工费(元)			907.66	1197.82
		材料费(元)			706.31	317.69
		施工机具使用费(元)			10.21	10.21
		企业管理费(元)			64.26	84.81
		利润(元)			39.48	52.11
		一般风险费(元)			16.34	21.56
	编码	名称	单位	单价(元)	消耗量	
人工	000300120	镶贴综合工	工日	130.00	6.982	9.214
材料	015300110	铅板 厚3mm	kg	14.53	0.360	0.360
	030190010	圆钉综合	kg	6.60	0.329	0.329
	032130010	铁件 综合	kg	3.68	0.120	0.120
	080301070	花岗石璇脸	m^3	299.15	—	1.005
	081701040	券脸石	m^3	683.76	1.005	—
	810201010	水泥砂浆 1:1(特)	m^3	334.13	0.017	0.020
	002000020	其他材料费	元	—	5.61	2.52
机械	990304001	汽车式起重机 5t	台班	473.39	0.018	0.018
	990610010	灰浆搅拌机 200L	台班	187.56	0.009	0.009

B.1.9 金刚墙砌筑(编码:050201010)

工作内容:包括选料、运输、调制砂浆、砌筑、拼缝、灌缝净面等。 计量单位:m^3

定额编号					EB0086	EB0087
项目名称					护坡	
					毛石	条石
费用	综合单价(元)				**293.01**	**346.09**
	其中	人工费(元)			105.23	115.00
		材料费(元)			162.42	208.38
		施工机具使用费(元)			11.44	7.50
		企业管理费(元)			7.45	8.14
		利润(元)			4.58	5.00
		一般风险费(元)			1.89	2.07
	编码	名称	单位	单价(元)	消耗量	
人工	000300100	砌筑综合工	工日	115.00	0.915	1.000
材料	810104030	M10.0 水泥砂浆(特 稠度 70~90mm)	m^3	209.07	0.340	0.250
	041100310	块(片)石	m^3	77.67	1.166	—
	341100100	水	m^3	4.42	0.175	0.175
	041100020	毛条石	m^3	155.34	—	1.000
机械	990610010	灰浆搅拌机 200L	台班	187.56	0.061	0.040

B.1.10 石桥面铺筑(编码:050201011)

工作内容:选运石料、砂浆拌和、砌石、安装桥面。

计量单位:10m²

		定额编号			EB0088
		项目名称			石桥面
费用		综合单价(元)			**1274.54**
	其中	人工费(元)			974.35
		材料费(元)			168.29
		施工机具使用费(元)			3.00
		企业管理费(元)			68.98
		利润(元)			42.38
		一般风险费(元)			17.54
	编码	名称	单位	单价(元)	消耗量
人工	000300120	镶贴综合工	工日	130.00	7.495
材料	810104030	M10.0 水泥砂浆(特 稠度 70~90mm)	m³	209.07	0.200
	080500080	青(红)砂石方整石 厚 200mm	m³	598.29	0.210
	002000020	其他材料费	元	—	0.84
机械	990610010	灰浆搅拌机 200L	台班	187.56	0.016

B.1.11 石桥面檐板(编码:050201012)

工作内容:砂浆拌和、运输、吊装、截头打眼、拼缝安装、灌缝净面等。

		定额编号			EB0089	EB0090	EB0091	EB0092
		项目名称			桥挂檐板		型钢铁锔安装	铸铁银锭安装
					砂石	花岗石		
					厚 60mm 以内			
		单位			m²		个	
费用		综合单价(元)			**144.63**	**399.24**	**8.38**	**23.63**
	其中	人工费(元)			53.43	72.67	6.63	9.36
		材料费(元)			81.89	314.70	0.87	13.03
		施工机具使用费(元)			2.25	2.25	—	—
		企业管理费(元)			3.78	5.15	0.47	0.66
		利润(元)			2.32	3.16	0.29	0.41
		一般风险费(元)			0.96	1.31	0.12	0.17
	编码	名称	单位	单价(元)	消耗量			
人工	000300120	镶贴综合工	工日	130.00	0.411	0.559	0.051	0.072
材料	015300110	铅板 厚 3mm	kg	14.53	—	0.046	—	—
	032102860	钢钎	kg	6.50	—	0.450	—	—
	312300060	型钢铁锔	个	0.85	—	—	1.000	—
	330501600	铸铁银锭	个	12.82	—	—	—	1.000
	040100520	白色硅酸盐水泥	kg	0.75	0.300	0.140	—	—
	014100410	铜丝	kg	44.44	0.060	—	—	—
	015301100	铅丝 12#	kg	15.78	0.510	—	—	—
	080600020	砂石光板 厚度 60mm	m²	51.28	1.010	—	—	—
	080301130	花岗石磨光板 厚 60mm	m²	282.05	—	1.030	—	—
	810201040	水泥砂浆 1:2.5(特)	m³	232.40	0.059	0.059	—	—
	002000010	其他材料费	元	—	5.45	6.78	0.02	0.21
机械	990610010	灰浆搅拌机 200L	台班	187.56	0.012	0.012	—	—

B.1.12 石汀步(步石、飞石)(编码:050201013)

工作内容:预制混凝土:清理、夯实、摆放、养护等。
料石:运料、砌筑等。

计量单位:m³

定额编号					EB0093	EB0094
项目名称					汀步安装	
					预制混凝土	料石
费用	综合单价(元)				**814.17**	**318.26**
	其中	人工费(元)			27.49	27.49
		材料费(元)			699.25	203.34
		施工机具使用费(元)			83.79	83.79
		企业管理费(元)			1.95	1.95
		利润(元)			1.20	1.20
		一般风险费(元)			0.49	0.49
	编码	名称	单位	单价(元)	消耗量	
人工	000300080	混凝土综合工	工日	115.00	0.239	0.239
材料	042703900	混凝土汀步 C25	m³	654.70	1.000	—
	041100870	料石汀步	m³	180.00	—	1.010
	810201030	水泥砂浆 1:2(特)	m³	256.68	0.160	0.080
	002000020	其他材料费	元	—	3.48	1.01
机械	990304001	汽车式起重机 5t	台班	473.39	0.177	0.177

B.1.13 木制步桥(编码:050201014)

B.1.13.1 木梁制作

工作内容:放样、选料、运料、画线、起线凿眼、齐头、弹安装线、标示安装号、试装等。

计量单位:m³

定额编号					EB0095	EB0096	EB0097
项目名称					木梁制作		
					梁宽(mm)		
					250 以内	300 以内	300 以上
费用	综合单价(元)				**2138.76**	**1897.01**	**1786.04**
	其中	人工费(元)			813.38	599.88	501.88
		材料费(元)			1217.77	1217.77	1217.77
		施工机具使用费(元)			—	—	—
		企业管理费(元)			57.59	42.47	35.53
		利润(元)			35.38	26.09	21.83
		一般风险费(元)			14.64	10.80	9.03
	编码	名称	单位	单价(元)	消耗量		
人工	000300050	木工综合工	工日	125.00	6.507	4.799	4.015
材料	050302560	板枋材	m³	1111.11	1.090	1.090	1.090
	002000020	其他材料费	元	—	6.66	6.66	6.66

B.1.13.2 **木梁安装**

工作内容:垂直起重、吊线、修整榫卯、入位、校正、临时支撑、钉牢、齐头、安装、安装完成后折戗、折拉杆等。

定额编号					EB0098	EB0099	EB0100	EB0101	EB0102
项目名称					木梁安装			铁件安装螺栓加固	木龙骨
					梁宽(mm)				
					250 以内	300 以内	300 以上		
单位					m^3			Kg	m^2
费用	综合单价(元)				**332.51**	**306.85**	**289.85**	**18.04**	**74.16**
	其中	人工费(元)			245.88	224.63	210.50	9.13	27.00
		材料费(元)			54.09	52.51	51.50	7.70	43.59
		施工机具使用费(元)			—	—	—	—	—
		企业管理费(元)			17.41	15.90	14.90	0.65	1.91
		利润(元)			10.70	9.77	9.16	0.40	1.17
		一般风险费(元)			4.43	4.04	3.79	0.16	0.49
	编码	名称	单位	单价(元)	消耗量				
人工	000300050	木工综合工	工日	125.00	1.967	1.797	1.684	0.073	0.216
材料	050302560	板枋材	m^3	1111.11	0.024	0.024	0.024	—	0.036
	032130010	铁件 综合	kg	3.68	0.500	0.500	0.500	1.030	0.304
	002000010	其他材料费	元	—	25.58	24.00	22.99	3.91	2.47

B.1.13.3 **桥面板制安**

工作内容:放样、选料、运料、画线、起线凿眼,齐头,安装等。　　**计量单位:**$10m^2$

定额编号					EB0103	EB0104	EB0105	EB0106
项目名称					木桥面板 制安			
					板厚 40mm	板厚每增 10mm	半圆 半径 80mm	安装后净面磨平
费用	综合单价(元)				**1108.54**	**217.38**	**1081.42**	**114.72**
	其中	人工费(元)			349.75	61.50	228.88	100.00
		材料费(元)			712.52	147.74	822.26	1.49
		施工机具使用费(元)			—	—	—	—
		企业管理费(元)			24.76	4.35	16.20	7.08
		利润(元)			15.21	2.68	9.96	4.35
		一般风险费(元)			6.30	1.11	4.12	1.80
	编码	名称	单位	单价(元)	消耗量			
人工	000300050	木工综合工	工日	125.00	2.798	0.492	1.831	0.800
材料	050302560	板枋材	m^3	1111.11	0.630	0.130	0.722	—
	030100650	铁钉	kg	7.26	0.835	0.083	0.980	—
	002000010	其他材料费	元	—	6.46	2.69	12.92	1.49

工作内容：木桥挂檐板、木制栏杆：放样、选料、运料、画线、起线凿眼、齐头、安装等。
木台阶：踏步、平台、踢脚线的制安等。

计量单位：$10m^2$

定额编号					EB0107	EB0108	EB0109
项目名称					木桥挂檐板	木制栏杆	木台阶
费用	综合单价（元）				913.33	2423.21	1952.69
	其中	人工费（元）			447.50	1505.13	918.00
		材料费（元）			406.62	718.96	913.25
		施工机具使用费（元）			—	—	—
		企业管理费（元）			31.68	106.56	64.99
		利润（元）			19.47	65.47	39.93
		一般风险费（元）			8.06	27.09	16.52
	编码	名称	单位	单价(元)	消耗量		
人工	000300050	木工综合工	工日	125.00	3.580	12.041	7.344
材料	050302560	板枋材	m^3	1111.11	0.345	0.610	0.743
	030100650	铁钉	kg	7.26	—	—	5.100
	002000010	其他材料费	元	—	23.29	41.18	50.67

B.1.14 栈道(编码：050201015)

工作内容：1.放样、选料、运料、画线、起线凿眼、齐头、弹安装线、标示安装号、试装等。
2.垂直起重、吊线、修整榫卯、入位、校正、临时支撑、钉牢、齐头、安装、安装完成后拆戗、拆拉杆等。

定额编号					EB0110	EB0111	EB0112	EB0113
项目名称					木栈道、木平台			
					木梁制安			台面制安
					梁宽(mm)			
					250以内	300以内	300以上	
单位					m^3			$10m^2$
费用	综合单价（元）				2503.51	2370.22	2289.40	1237.43
	其中	人工费（元）			735.75	619.00	548.25	227.50
		材料费（元）			1670.42	1669.32	1668.61	979.82
		施工机具使用费（元）			—	—	—	—
		企业管理费（元）			52.09	43.83	38.82	16.11
		利润（元）			32.01	26.93	23.85	9.90
		一般风险费（元）			13.24	11.14	9.87	4.10
	编码	名称	单位	单价(元)	消耗量			
人工	000300050	木工综合工	工日	125.00	5.886	4.952	4.386	1.820
材料	050301720	防腐木	m^3	1538.46	1.070	1.070	1.070	0.630
	030100650	铁钉	kg	7.26	0.500	0.500	0.500	0.835
	002000010	其他材料费	元	—	20.64	19.54	18.83	4.53

B.2　驳岸、护岸(编码:050202)

B.2.1　石(卵石)砌驳岸(编码:050202001)

工作内容:选运石料、调运砂浆、堆砌、塞垫嵌缝、清理、养护。

计量单位:t

		定额编号			EB0114
		项目名称			自然式驳(护)岸
费用	综合单价(元)				**404.70**
	其中	人工费(元)			171.12
		材料费(元)			210.19
		施工机具使用费(元)			0.75
		企业管理费(元)			12.12
		利润(元)			7.44
		一般风险费(元)			3.08
	编码	名称	单位	单价(元)	消耗量
人工	000900010	园林综合工	工日	120.00	1.426
材料	322300010	景石	t	188.00	1.040
	810201030	水泥砂浆 1:2(特)	m^3	256.68	0.050
	002000010	其他材料费	元	—	1.84
机械	990610010	灰浆搅拌机 200L	台班	187.56	0.004

B.2.2　原木桩驳岸(编码:050202002)

工作内容:原木桩驳岸:木桩制作、安装桩箍、吊装定位、打桩校正、拆卸桩箍、锯桩头、刷防腐材料等。
　　　　混凝土仿木桩驳岸:定位、校正、灌浆、固定。

计量单位:m^3

		定额编号			EB0115	EB0116
		项目名称			原木桩驳岸	混凝土仿木桩驳岸
费用	综合单价(元)				**1542.12**	**439.96**
	其中	人工费(元)			720.00	144.56
		材料费(元)			726.86	276.28
		施工机具使用费(元)			—	—
		企业管理费(元)			50.98	10.23
		利润(元)			31.32	6.29
		一般风险费(元)			12.96	2.60
	编码	名称	单位	单价(元)	消耗量	
人工	000900010	园林综合工	工日	120.00	6.000	—
	000300080	混凝土综合工	工日	115.00	—	1.257
材料	050100010	杉原木 综合	m^3	670.02	1.080	—
	840201050	预拌混凝土 C25	m^3	257.28	—	1.050
	002000010	其他材料费	元	—	3.24	6.14

B.2.3 满(散)铺砂卵石护岸(自然护岸)(编码:050202003)

工作内容:洗石子、摆石子、灌浆、清水冲洗等。　　　　计量单位:m²

定额编号					EB0117
项目名称					镶贴卵石护岸
费用	综合单价(元)				137.73
	其中	人工费(元)			105.30
		材料费(元)			18.49
		施工机具使用费(元)			—
		企业管理费(元)			7.46
		利润(元)			4.58
		一般风险费(元)			1.90
	编码	名称	单位	单价(元)	消耗量
人工	000300120	镶贴综合工	工日	130.00	0.810
材料	040501110	卵石	t	64.00	0.067
	810201030	水泥砂浆 1:2(特)	m³	256.68	0.052
	002000010	其他材料费	元	—	0.85

C　园林景观工程

说　明

一、一般说明

本章定额缺项的，按《重庆市房屋建筑与装饰工程计价定额》相应定额子目执行。

二、堆塑假山

1.堆筑土山丘适用于夯填、堆筑而成的，应有明确的园林景观设计要求，通常通过等高线图等表达土山丘的体量形式。土山丘水平投影外接矩形与高度形成锥体的各面平均坡度大于30%。坡度是坡的高度和坡的水平距离之比。

2.堆砌假山、塑假石山，定额内未包括基础工料费用，如发生时按《重庆市房屋建筑与装饰工程计价定额》相应定额子目执行。定额中的铁件如与实际用量不同时，可按实调整。假山与基础的划分：地面以下按基础计算，地面以上按假山计算。堆砌假山高度超过4m(不含4m)，每超过1m时(不足1m按1m计算)超过部分其人工和机械按其对应的超过部分假山高度的定额子目乘以系数1.4。

3.假山是按露天、地坪上施工考虑的，如在室内叠塑假山或做盆景式假山时，人工乘以系数1.5，其他不作调整。

4.钢骨架钢网塑假石山未包括基础、脚手架、主骨架的工料费。

5.表面塑石未包含锚固钢筋、砖胎、抹面，发生时另行计算。表面塑石厚度定额已综合考虑，实际厚度不同时不作调整。

6.山石台阶踏步适用于独立的、零星的山石台阶踏步。带山石挡土墙的山石台阶踏步，其山石挡土墙和山石台阶踏步应分别按相应定额子目执行。

7.山石挡土墙，包括山坡蹬道两边的山石挡土墙，按山石护角相应定额子目执行。

8.零星点布景石，包括散点石和过水汀石等疏散的点布。土包石或石包土假山中的山石，应根据设计分别按土山点石或护角相应定额子目执行。

三、原木、竹构件

1.原木柱、梁、檩、椽、墙适用于带树皮构件，不适用于刨光的圆形木构件，刨光的圆形木构按《重庆市仿古建筑工程计价定额》相应定额子目执行。

2.树枝吊挂楣子(编码:050302003)，竹柱、梁、檩、椽(编码:050302004)，竹编墙(编码:050302005)，竹吊挂楣子(编码:050302006)未编制。

四、亭、廊屋面

1.草屋面、树皮屋面已包括檩子、桷子，不另计算。

2.竹屋面(编码:050303002)，预制混凝土穹顶(编码:050303005)、彩色压型钢板(夹芯板)攒尖亭屋面板(编码:050303006)、彩色压型钢板(夹芯板)穹顶(编码:050303007)未编制，按《重庆市房屋建筑与装饰工程计价定额》相应定额子目执行。

五、花架

1.预制混凝土花架构件及小品安装，适用于梁、檩断面在220cm^{2}以内，高度在6m以下的轻型花架。

2.金属亭及花架油饰按《重庆市房屋建筑与装饰工程计价定额》相应定额子目执行。

3.竹花架柱、梁(编码:050304005)未编制。

六、园林桌椅

1.预制钢筋混凝土飞来椅(编码:050305001)、竹制飞来椅(编码:050305003)、塑树节椅(编码:050305009)未编制，按《重庆市仿古建筑工程计价定额》相应定额子目执行。

2.石桌石凳、水磨石桌凳均以一桌四凳为一套，长形石条凳一套包括凳面、凳脚。

3. 塑树兜式桌凳以一桌四凳为一套，小套桌面直径600mm以内，中套桌面直径800mm以内，大套桌面直径1000mm以内。

七、喷泉安装

1.喷泉安装适用于庭园、广场、景点的喷泉安装,不包括水型的调试费和程序控制费用。喷泉电缆(编码:050306002)、水下艺术装饰灯具(编码:050306003)、电气控制柜(编码:050306004)未编制,按《重庆市通用安装工程计价定额》相应定额子目执行。

2.喷头安装,未包括喷头本身价值。

3.溢、排水管安装定额子目中的管道安装长度按 1m 考虑,超出部分按《重庆市通用安装工程计价定额》相应定额子目执行。

八、杂项

1.石灯、花岗石球、栏杆、石质花盆、仿石音箱、垃圾箱安装是按成品编制的,如其基础做法与定额不同时,可进行换算。

2.标志牌适用于各种材料的指示牌、指路牌、警示牌的制作,其安装另行计算。

3.景墙基础及结构部分,按《重庆市房屋建筑与装饰工程计价定额》相应定额子目执行。

4.仿木纹面是按 5mm 的面层厚度考虑的,定额中未含基层抹灰和面层罩光面漆,按《重庆市房屋建筑与装饰工程计价定额》相应定额子目执行。

5.仿稻草面按仿木纹面层定额子目执行,定额人工乘以系数 1.25。

6.布瓦花饰是按不磨瓦、轱辘钱花型编制的,如与定额材料不同时,可进行换算,人工不作调整。

7.塑楠竹及金丝竹直径大于 150mm 时,按塑竹相应定额子目执行。

8.塑鱼均为素白色,着色另计;固定座根据设计要求和具体做法另计,埋入钢材和固定工时已包含在定额内;鱼长为从鱼口沿始,经眼、腹至尾之全长。

9.塑仙鹤均为素白色,着色另计;仙鹤以不展翅为准,若展翅定额乘以系数 1.2;固定座根据设计要求和具体做法另计,埋入钢材和固定工时已包含在定额内;仙鹤身高为头、颈、身、退长之和,嘴和爪不计算长度。

10.塑龙均为素色,参色可增计色料费,人工不变,涂色另计;需搭设脚手架、台座另计;塑龙按龙身最粗处的周长长度执行相应定额子目。

工程量计算规则

一、堆塑假山工程

1.堆筑土山丘按图示山丘水平投影外接矩形面积乘以高度的1/3,以体积计算。

2.堆砌假山的工程量按实际使用石料数量以质量计算。计算公式:堆砌假山工程量(t)=进料的验收数量-进料验收的剩余数量。如无石料进场验收数量,可按下列公式计算:

$$W_{重}=2.6\times A_{矩}\times H_{大}\times K_{n}$$

式中 $A_{矩}$——假山不规则平面轮廓的水平投影面积的最大外接矩形面积;

$H_{大}$——假山石着地点至最高点的垂直距离;

K_{n}——孔隙折减系数,计算规则如下:

当$H_{大}\leqslant 1m$时,$K_{n}=0.77$;

$H_{大}\leqslant 3m$时,$K_{n}=0.653$;

$H_{大}\leqslant 4m$时,$K_{n}=0.60$。

2.6——石料比重(t/m^3)(注:在计算驳岸的工程量时,可按石料比重进行换算)。

3.塑假石山按其外表面积以面积计算。

4.点风景石及布置景石按单体石料体积(取其长、宽、高各自的平均值)乘以石料容重($2.6t/m^3$)以质量计算。

5.山坡石台阶按设计图示尺寸以水平投影面积计算。

6.混凝土或砖石台阶按设计图示尺寸以体积计算。

7.堆山叠石未包含吊装机械消耗,发生时按实计算。

二、原木、竹构件

原木柱、梁、檩、椽、墙按设计图示截面乘长度以体积计算,包括榫长。

三、亭、廊屋面

1.树皮、麦草、山草、丝(思)毛草亭屋面以斜面积计算。

2.油毡瓦屋面按设计图示尺寸以斜面积计算。

3.天棚安装按设计图示尺寸以面积计算。

4.木板屋面按设计图示外围尺寸以面积计算(错缝搭接部分不再二次计算)。

四、花架

1.现浇混凝土亭、斜屋面板,按设计图示斜面面积乘以板厚以体积计算。

2.现浇混凝土花架、梁、檩、柱、花池、花盆、花坛门窗框以及其他小品,按设计图示尺寸以体积计算。

3.预制混凝土构件、小品安装,按设计图示尺寸以体积计算。

4.木制花架、廊架、桁架,按设计图示尺寸以体积计算。

5.木柱、木梁,按设计图示截面乘长度以体积计算,包括榫长。

6.木望板、木檐板,按设计图示尺寸以面积计算。

7.钢制花架、柱、梁按设计图示尺寸以质量计算。

五、园林桌椅

1.混凝土桌凳按设计图示尺寸以体积计算。

2.木制座凳面按设计图示尺寸以面积计算。

3.石桌石凳安装、成品座椅安装,按设计图示数量计算。

六、喷泉安装

1.喷头安装,按不同接管口径规格以数量计算。

2.水泵网制作、安装,按设计图示以数量计算。

3.不锈钢格栅安装,按设计图示尺寸以面积计算。

4.溢、排水管安装，按设计图示数量计算。

七、杂项

1.石灯、花岗石球、石质花盆、仿石音箱、垃圾箱，按设计图示数量计算。

2.堆塑装饰按设计图示尺寸以外表面展开面积计算；塑树根或仿树形柱、仿竹形柱按设计图示尺寸以长度计算。

3.金属栏杆、木栅栏、成品混凝土栏杆按设计图示尺寸以长度计算，绿地围网、塑料栏杆按设计图示尺寸以面积计算。

4.标志牌按设计图示最大外接矩形尺寸以面积计算。

5.摆花按设计图示以数量计算。

6.景墙墙面及柱面装饰按设计图示尺寸以面积计算，不扣除 $0.3m^2$ 以内的空洞的面积，空洞侧壁面积不增加。

7.预制花檐、角花、博古架，按设计图示以长度计算。

8.现浇彩色水磨石飞来椅，按设计图示以长度计算。

9.木纹板按设计图示以面积计算。

10.砖砌园林小摆设按设计图示以体积计算，其抹灰面按设计图示以面积计算。

11.塑水泥藤条按设计图示以长度计算。

12.塑鱼按设计图示以数量计算。

13.塑鹤按设计图示以数量计算。

14.塑龙按设计图示以数量计算。

15.现浇混凝土压顶按设计图示尺寸以体积计算；混凝土预制块压顶按设计图示截面乘以长度以体积计算。

16.花岗岩压顶按设计图示尺寸以面积计算。

17.膨润土复合防水层柔性水池、三元乙丙防水层柔性水池，按设计图示尺寸以面积计算。

C.1 堆塑假山(编码:050301)

C.1.1 堆筑土山丘(编码:050301001)

工作内容:取土、运土、卸土、堆筑、覆土分层碾压、人工修整等。　　计量单位:$10m^3$

定额编号					EC0001	EC0002
项目名称					堆筑土山丘	
					高度(6m 以内)	
					人工	机械
费用	综合单价(元)				**621.30**	**43.09**
	其中	人工费(元)			548.70	30.00
		材料费(元)			—	0.10
		施工机具使用费(元)			—	9.02
		企业管理费(元)			38.85	2.12
		利润(元)			23.87	1.31
		一般风险费(元)			9.88	0.54
	编码	名称	单位	单价(元)	消耗量	
人工	000300040	土石方综合工	工日	100.00	5.487	0.300
材料	002000010	其他材料费	元	—	—	0.10
机械	990409020	洒水车 4000L	台班	449.19	—	0.002
	990110030	轮胎式装载机 $1.5m^3$	台班	610.59	—	0.004
	990101025	履带式推土机 105kW	台班	945.95	—	0.006

C.1.2 堆砌石假山(编码:050301002)

工作内容:放样、选石、运输、砂浆拌和、吊装堆砌、塞垫嵌缝、清理、养护。　　计量单位:t

定额编号					EC0003	EC0004	EC0005	EC0006
项目名称					堆砌假山			
					高度(m 以内)			
					1	2	3	4
费用	综合单价(元)				**568.86**	**691.72**	**880.97**	**1000.12**
	其中	人工费(元)			308.04	392.76	538.92	615.96
		材料费(元)			219.09	245.79	269.55	301.47
		施工机具使用费(元)			0.98	1.20	1.20	1.20
		企业管理费(元)			21.81	27.81	38.16	43.61
		利润(元)			13.40	17.09	23.44	26.79
		一般风险费(元)			5.54	7.07	9.70	11.09
	编码	名称	单位	单价(元)	消耗量			
人工	000900010	园林综合工	工日	120.00	2.567	3.273	4.491	5.133
材料	800204010	砼 C15(塑、特、碎 5～10、坍 10～30)	m^3	218.14	0.060	0.080	0.080	0.100
	810201040	水泥砂浆 1:2.5(特)	m^3	232.40	0.040	0.050	0.050	0.050
	053100010	毛竹 综合	根	11.65	—	0.130	0.180	0.260
	322300010	景石	t	188.00	1.000	1.000	1.000	1.000
	041100020	毛条石	m^3	155.34	—	—	0.050	0.100
	041100310	块(片)石	m^3	77.67	0.100	0.100	0.060	0.060
	032130010	铁件 综合	kg	3.68	—	5.000	10.000	15.000
	341100100	水	m^3	4.42	0.156	0.152	0.152	0.227
	002000010	其他材料费	元	—	0.25	0.37	0.48	0.61
机械	990610010	灰浆搅拌机 200L	台班	187.56	0.004	0.004	0.004	0.004
	990602020	双锥反转出料混凝土搅拌机 350L	台班	226.31	0.001	0.002	0.002	0.002

C.1.3 塑假山(编码:050301003)

工作内容:放样画线、砂浆拌和、运输、砌骨架、焊接挂网、安装预制板、预埋件、留植穴、造型修饰,着色、堆塑成型,材料校正,画线切割,平直、倒楞钻孔、焊接、安装、加固、运料、翻板子、堆码等。 **计量单位:**$10m^2$

	定额编号				EC0007	EC0008	EC0009	EC0010
	项目名称				砖骨架塑假山			钢骨架钢网塑假山
					高度(m 以内)			
					2.5	6	10	
费用	**综合单价(元)**				**2590.86**	**3413.81**	**3926.50**	**2131.34**
	其中	人工费(元)			1260.00	1663.20	1922.16	1386.00
		材料费(元)			1141.56	1503.70	1720.06	547.19
		施工机具使用费(元)			22.60	26.87	29.98	14.78
		企业管理费(元)			89.21	117.75	136.09	98.13
		利润(元)			54.81	72.35	83.61	60.29
		一般风险费(元)			22.68	29.94	34.60	24.95
	编码	名称	单位	单价(元)	消耗量			
人工	000900010	园林综合工	工日	120.00	10.500	13.860	16.018	11.550
材料	800204010	砼 C15(塑、特、碎 5～10、坍 10～30)	m^3	218.14	0.680	0.570	0.510	—
	810104020	M7.5 水泥砂浆(特 稠度 70～90mm)	m^3	195.56	0.820	1.100	1.340	—
	810201030	水泥砂浆 1:2(特)	m^3	256.68	0.100	0.100	0.100	0.310
	810201040	水泥砂浆 1:2.5(特)	m^3	232.40	0.390	0.410	0.410	—
	041300010	标准砖 240×115×53	千块	422.33	1.540	2.310	2.740	—
	341100100	水	m^3	4.42	0.444	0.609	0.703	—
	142303000	颜料	kg	21.45	2.870	2.870	2.870	2.870
	002000010	其他材料费	元	—	2.65	3.46	3.95	1.55
	810201010	水泥砂浆 1:1(特)	m^3	334.13	—	—	—	0.210
	010100010	钢筋 综合	kg	3.07	—	—	—	70.000
	032100820	镀锌铁丝网	m^2	10.60	—	—	—	10.750
	031350010	低碳钢焊条 综合	kg	4.19	—	—	—	1.310
机械	990610010	灰浆搅拌机 200L	台班	187.56	0.106	0.130	0.149	0.042
	990602020	双锥反转出料混凝土搅拌机 350L	台班	226.31	0.012	0.011	0.009	—
	990502030	电动卷扬机 双筒快速 50kN	台班	270.50	—	—	—	0.018
	990702010	钢筋切断机 40mm	台班	41.85	—	—	—	0.005
	990904030	直流弧焊机 20kV·A	台班	72.88	—	—	—	0.025

工作内容：放样画线、砂浆拌和、运输、造型修饰、面层处理、填充材料、成品面层上蜡、打磨、养护、运输、着色、堆塑成型。

计量单位：10m²

定额编号					EC0011	EC0012
项目名称					表面塑石	塑孤置石
费用	综合单价（元）				**1211.42**	**1433.32**
	其中	人工费（元）			875.04	1071.00
		材料费（元）			211.80	211.80
		施工机具使用费（元）			8.82	8.82
		企业管理费（元）			61.95	75.83
		利润（元）			38.06	46.59
		一般风险费（元）			15.75	19.28
	编码	名称	单位	单价（元）	消耗量	
人工	000900010	园林综合工	工日	120.00	7.292	8.925
材料	810201010	水泥砂浆 1:1（特）	m³	334.13	0.210	0.210
	810201030	水泥砂浆 1:2（特）	m³	256.68	0.310	0.310
	142303000	颜料	kg	21.45	2.870	2.870
	002000010	其他材料费	元	—	0.50	0.50
机械	990610010	灰浆搅拌机 200L	台班	187.56	0.047	0.047

C.1.4 石笋（编码：050301004）

工作内容：放样、选石、运输、砂浆拌和、吊装堆砌、塞垫嵌缝、清理、养护。

计量单位：只

定额编号					EC0013	EC0014	EC0015
项目名称					石笋安装		
					高度（m 以内）		
					2	3	4
费用	综合单价（元）				**481.99**	**1077.37**	**1982.60**
	其中	人工费（元）			153.96	231.12	423.48
		材料费（元）			307.06	814.85	1502.08
		施工机具使用费（元）			0.60	0.83	1.02
		企业管理费（元）			10.90	16.36	29.98
		利润（元）			6.70	10.05	18.42
		一般风险费（元）			2.77	4.16	7.62
	编码	名称	单位	单价（元）	消耗量		
人工	000900010	园林综合工	工日	120.00	1.283	1.926	3.529
材料	800204010	砼 C15（塑、特、碎 5～10、坍 10～30）	m³	218.14	0.040	0.080	0.100
	810201040	水泥砂浆 1:2.5（特）	m³	232.40	0.020	0.020	0.030
	040502220	青（红）砂石	t	318.00	0.200	0.300	0.500
	080700210	石笋 2000mm	只	225.64	1.000	—	—
	080700310	石笋 3000mm	只	692.31	—	1.000	—
	080700410	石笋 4000mm	只	1307.69	—	—	1.000
	341100100	水	m³	4.42	0.057	0.062	0.071
	050300600	板方材	m³	1025.64	0.003	0.003	0.004
	002000010	其他材料费	元	—	1.12	1.69	2.19
机械	990610010	灰浆搅拌机 200L	台班	187.56	0.002	0.002	0.003
	990602020	双锥反转出料混凝土搅拌机 350L	台班	226.31	0.001	0.002	0.002

C.1.5 点风景石(编码:050301005)

工作内容:放样、选石、运输、砂浆拌和、吊装堆砌、塞垫嵌缝、清理、养护。 计量单位:t

定额编号					EC0016	EC0017	EC0018	EC0019
项目名称					土山点石			
					土山高度(m以内)			
					1	2	3	4
费用	综合单价(元)				**357.28**	**408.63**	**495.73**	**539.48**
	其中	人工费(元)			147.12	192.48	269.40	308.04
		材料费(元)			190.50	190.50	190.50	190.50
		施工机具使用费(元)			0.19	0.19	0.19	0.19
		企业管理费(元)			10.42	13.63	19.07	21.81
		利润(元)			6.40	8.37	11.72	13.40
		一般风险费(元)			2.65	3.46	4.85	5.54
	编码	名称	单位	单价(元)	消耗量			
人工	000900010	园林综合工	工日	120.00	1.226	1.604	2.245	2.567
材料	810201040	水泥砂浆 1:2.5(特)	m^3	232.40	0.010	0.010	0.010	0.010
	322300010	景石	t	188.00	1.000	1.000	1.000	1.000
	002000010	其他材料费	元	—	0.18	0.18	0.18	0.18
机械	990610010	灰浆搅拌机 200L	台班	187.56	0.001	0.001	0.001	0.001

工作内容:放样、选石、运输、砂浆拌和、吊装堆砌、塞垫嵌缝、清理、养护。 计量单位:t

定额编号					EC0020
项目名称					零星点布景石
					(含汀石)
费用	综合单价(元)				**378.26**
	其中	人工费(元)			165.24
		材料费(元)			190.97
		施工机具使用费(元)			0.19
		企业管理费(元)			11.70
		利润(元)			7.19
		一般风险费(元)			2.97
	编码	名称	单位	单价(元)	消耗量
人工	000900010	园林综合工	工日	120.00	1.377
材料	810201040	水泥砂浆 1:2.5(特)	m^3	232.40	0.012
	322300010	景石	t	188.00	1.000
	002000010	其他材料费	元	—	0.18
机械	990610010	灰浆搅拌机 200L	台班	187.56	0.001

C.1.6 池、盆景置石(编码:050301006)

工作内容:放样、选石、运输、砂浆拌和、吊装堆砌、塞垫嵌缝、清理、养护。

计量单位:t

		定额编号			EC0021
		项目名称			池山、盆景山
费用		**综合单价(元)**			**647.55**
	其中	人工费(元)			387.60
		材料费(元)			208.67
		施工机具使用费(元)			—
		企业管理费(元)			27.44
		利润(元)			16.86
		一般风险费(元)			6.98
	编码	名称	单位	单价(元)	消耗量
人工	000900010	园林综合工	工日	120.00	3.230
材料	050300600	板方材	m^3	1025.64	0.001
	032130010	铁件 综合	kg	3.68	1.500
	322300010	景石	t	188.00	1.000
	810201040	水泥砂浆 1:2.5(特)	m^3	232.40	0.020
	800204010	砼 C15(塑、特、碎 5~10、坍 10~30)	m^3	218.14	0.030
	002000010	其他材料费	元	—	2.93

C.1.7 山(卵)石护角(编码:050301007)

工作内容:选料、运石、调制砂浆、铺砂浆、堆叠、勾缝、清理养护等。

计量单位:t

		定额编号			EC0022	EC0023
		项目名称			山石	
					护角	台阶、踏步
费用		**综合单价(元)**			**529.81**	**468.25**
	其中	人工费(元)			155.48	125.58
		材料费(元)			353.76	326.06
		施工机具使用费(元)			—	—
		企业管理费(元)			11.01	8.89
		利润(元)			6.76	5.46
		一般风险费(元)			2.80	2.26
	编码	名称	单位	单价(元)	消耗量	
人工	000300100	砌筑综合工	工日	115.00	1.352	1.092
材料	050300600	板方材	m^3	1025.64	0.001	—
	040502220	青(红)砂石	t	318.00	1.000	1.000
	810201040	水泥砂浆 1:2.5(特)	m^3	232.40	0.050	0.030
	800206010	砼 C15(塑、特、碎 5~31.5、坍 10~30)	m^3	215.49	0.100	—
	002000010	其他材料费	元	—	1.57	1.09

C.1.8 山坡(卵)石台阶(编码:050301008)

工作内容:1.放样、选石、调剂、运混凝土、砂浆、混凝土浇捣、养护、砌筑、塞垫嵌缝、清理、养护。
2.模板制作、安装、刷油、拆除、整理、堆放、场内外运输等。

定额编号					EC0024	EC0025	EC0026	EC0027
项目名称					台阶、踏步			
					混凝土	混凝土模板	砌标准砖	砌毛石
单位					m³	m²	m³	
费用	综合单价(元)				**403.62**	**62.07**	**618.85**	**632.77**
	其中	人工费(元)			156.29	23.64	283.82	281.98
		材料费(元)			226.66	35.25	294.29	203.76
		施工机具使用费(元)			—	0.05	3.19	109.72
		企业管理费(元)			11.06	1.67	20.09	19.96
		利润(元)			6.80	1.03	12.35	12.27
		一般风险费(元)			2.81	0.43	5.11	5.08
	编码	名称	单位	单价(元)	消耗量			
人工	000300100	砌筑综合工	工日	115.00	—	—	2.468	2.452
	000300080	混凝土综合工	工日	115.00	1.359	—	—	—
	000300060	模板综合工	工日	120.00	—	0.197	—	—
材料	023300110	草袋	m²	0.95	1.670	—	—	—
	800206010	砼 C15(塑、特、碎 5~31.5、坍 10~30)	m³	215.49	1.025	—	—	—
	041300010	标准砖 240×115×53	千块	422.33	—	—	0.531	—
	810201030	水泥砂浆 1:2(特)	m³	256.68	—	—	0.250	0.410
	041100310	块(片)石	m³	77.67	—	—	—	1.220
	050303800	木材 锯材	m³	1547.01	—	0.014	—	—
	002000010	其他材料费	元	—	4.20	1.40	5.86	3.76
	030100650	铁钉	kg	7.26	—	0.018	—	—
	143502500	隔离剂	kg	0.94	—	0.100	—	—
	144302000	塑料胶布带 20mm×50m	卷	26.00	—	0.045	—	—
	350100011	复合模板	m²	23.93	—	0.451	—	—
机械	990610010	灰浆搅拌机 200L	台班	187.56	—	—	0.017	0.585
	990706010	木工圆锯机 直径 500mm	台班	25.81	—	0.002	—	—

工作内容：基层清理、砂浆拌和、材料运输、砌筑砖、石、抹面压实、赶光、剁斧、锯板磨边、贴花岗岩、擦缝、清理净面等。

计量单位：m²

定额编号					EC0028	EC0029	EC0030	EC0031
项目名称					台阶、踏步			
					整石厚150mm以内	抹水泥面	剁假石	石材贴面
费用	综合单价（元）				**281.89**	**51.57**	**147.30**	**285.15**
	其中	人工费（元）			123.76	37.88	119.08	56.29
		材料费（元）			140.07	8.68	12.47	218.93
		施工机具使用费（元）			1.69	—	—	2.48
		企业管理费（元）			8.76	2.68	8.43	3.99
		利润（元）			5.38	1.65	5.18	2.45
		一般风险费（元）			2.23	0.68	2.14	1.01
	编码	名称	单位	单价（元）	消耗量			
人工	000300110	抹灰综合工	工日	125.00	—	0.303	—	—
	000300120	镶贴综合工	工日	130.00	0.952	—	0.916	0.433
材料	040100120	普通硅酸盐水泥 P.O 32.5	kg	0.30	—	17.700	26.900	—
	040300760	特细砂	t	63.11	—	0.051	0.040	—
	810201040	水泥砂浆 1∶2.5（特）	m³	232.40	0.060	—	—	0.030
	082100010	装饰石材	m²	120.00	1.010	—	—	1.712
	040700460	石屑	t	73.00	—	—	0.023	—
	040100520	白色硅酸盐水泥	kg	0.75	—	—	—	0.200
	031310410	砂轮片 ϕ350	片	15.32	—	—	—	0.017
	810425010	素水泥浆	m³	479.39	—	—	—	0.002
	002000010	其他材料费	元	—	4.93	0.15	0.20	5.15
机械	990610010	灰浆搅拌机 200L	台班	187.56	0.009	—	—	0.009
	990788010	砂轮切割机 砂轮片直径350mm	台班	12.85	—	—	—	0.062

C.2 原木、竹构件（编码：050302）

C.2.1 原木（带树皮）柱、梁、檩、椽（编码：050302001）

工作内容：选料、运料、加工、榫卯制作等。

计量单位：m³

定额编号					EC0032	EC0033	EC0034	EC0035
项目名称					原木（带树皮）			
					柱	梁	檩	椽
费用	综合单价（元）				**1556.90**	**1768.43**	**1883.96**	**1677.51**
	其中	人工费（元）			461.50	643.00	710.50	553.88
		材料费（元）			1034.34	1040.37	1079.46	1050.36
		施工机具使用费（元）			—	—	—	—
		企业管理费（元）			32.67	45.52	50.30	39.21
		利润（元）			20.08	27.97	30.91	24.09
		一般风险费（元）			8.31	11.57	12.79	9.97
	编码	名称	单位	单价（元）	消耗量			
人工	000300050	木工综合工	工日	125.00	3.692	5.144	5.684	4.431
材料	140500100	煤焦油	kg	1.20	—	0.620	0.100	—
	050100500	原木	m³	982.30	1.050	1.050	1.092	1.050
	030190010	圆钉综合	kg	6.60	—	0.550	0.550	2.870
	032130010	铁件 综合	kg	3.68	—	0.500	—	—
	002000010	其他材料费	元	—	2.92	2.74	3.04	—

C.2.2 原木(带树皮)墙(编码:050302002)

工作内容:选料、运料、加工、榫卯制作等。

计量单位:m³

定额编号					EC0036	EC0037	EC0038
项目名称					原木(带树皮)墙		
					梢径(mm以内)		
					140	160	200
费用	综合单价(元)				**1620.29**	**1553.15**	**1429.47**
	其中	人工费(元)			471.75	426.50	335.50
		材料费(元)			1086.13	1070.22	1049.59
		施工机具使用费(元)			—	—	—
		企业管理费(元)			33.40	30.20	23.75
		利润(元)			20.52	18.55	14.59
		一般风险费(元)			8.49	7.68	6.04
	编码	名称	单位	单价(元)	消耗量		
人工	000300050	木工综合工	工日	125.00	3.774	3.412	2.684
材料	140500100	煤焦油	kg	1.20	0.100	0.100	0.100
	050100500	原木	m³	982.30	1.092	1.078	1.058
	030190010	圆钉综合	kg	6.60	1.530	1.210	1.070
	002000010	其他材料费	元	—	3.24	3.19	3.13

C.3 亭、廊屋面(编码:050303)

C.3.1 草屋面(编码:050303001)

工作内容:1.选料、放样及制作檩托木(垫木)檩椽刨光。
2.安放檩、椽子。
3.选草、铺草屋面。
4.选、安放、楠竹檩、毛竹夹草屋面。

计量单位:m²

定额编号					EC0039	EC0040	EC0041
项目名称					草屋面		
					麦草	山草	丝毛草
					厚度200mm	厚度150mm	
费用	综合单价(元)				**257.13**	**259.35**	**248.62**
	其中	人工费(元)			142.80	152.28	142.80
		材料费(元)			95.44	86.93	86.93
		施工机具使用费(元)			—	—	—
		企业管理费(元)			10.11	10.78	10.11
		利润(元)			6.21	6.62	6.21
		一般风险费(元)			2.57	2.74	2.57
	编码	名称	单位	单价(元)	消耗量		
人工	000900010	园林综合工	工日	120.00	1.190	1.269	1.190
材料	053100010	毛竹 综合	根	11.65	2.360	2.360	2.360
	023300020	麦草	kg	0.85	50.000	—	—
	053500320	棚箅	kg	6.84	1.500	1.500	1.500
	053500340	南竹檩 $\phi80\sim\phi100$	根	12.00	1.180	1.180	1.180
	053500250	竹箅	kg	6.84	0.130	0.130	0.130
	023300030	山草	kg	0.85	—	40.000	40.000
	002000010	其他材料费	元	—	0.14	0.13	0.13

C.3.2 树皮屋面(编码:050303003)

工作内容:1.选料、放样及制作檩托木(垫木)檩椽刨光。
2.安放檩、椽子。
3.选树皮、铺树皮、树皮搭接。

计量单位:m²

定额编号					EC0042
项目名称					树皮屋面
费用	综合单价(元)				**262.72**
	其中	人工费(元)			69.36
		材料费(元)			178.55
		施工机具使用费(元)			5.63
		企业管理费(元)			4.91
		利润(元)			3.02
		一般风险费(元)			1.25
	编码	名称	单位	单价(元)	消耗量
人工	000900010	园林综合工	工日	120.00	0.578
材料	040100120	普通硅酸盐水泥 P.O 32.5	kg	0.30	0.040
	050303800	木材 锯材	m³	1547.01	0.100
	030100650	铁钉	kg	7.26	0.020
	144107400	建筑胶	kg	1.97	0.210
	142301400	氧化铁红	kg	5.98	0.120
	323700020	树皮	m²	17.48	1.260
	002000010	其他材料费	元	—	0.54
机械	990610010	灰浆搅拌机 200L	台班	187.56	0.030

C.3.3 油毡瓦屋面(编码:050303004)

工作内容:运瓦、基层处理、刷胶两遍、裁剪、铺瓦、嵌缝、等全部操作过程。

计量单位:m²

定额编号					EC0043
项目名称					油毡瓦屋面
费用	综合单价(元)				**117.19**
	其中	人工费(元)			11.04
		材料费(元)			104.69
		施工机具使用费(元)			—
		企业管理费(元)			0.78
		利润(元)			0.48
		一般风险费(元)			0.20
	编码	名称	单位	单价(元)	消耗量
人工	000900010	园林综合工	工日	120.00	0.092
材料	311100340	油毡瓦	m²	34.19	2.850
	144102700	胶粘剂	kg	12.82	0.410
	002000010	其他材料费	元	—	1.99

C.3.4 玻璃屋面(编码:050303008)

工作内容:定位、下料安装龙骨、安玻璃或面板、周边塞口、嵌缝清理等。 **计量单位**:m^2

定额编号					EC0044	EC0045	EC0046
项目名称					采光廊架亭、花架玻璃天棚(钢骨架)		
					中空玻璃	钢化玻璃	夹丝玻璃
费用	综合单价(元)				**482.96**	**400.68**	**532.83**
	其中	人工费(元)			112.20	84.00	84.00
		材料费(元)			355.92	305.57	437.72
		施工机具使用费(元)			—	—	—
		企业管理费(元)			7.94	5.95	5.95
		利润(元)			4.88	3.65	3.65
		一般风险费(元)			2.02	1.51	1.51
	编码	名称	单位	单价(元)	消耗量		
人工	000300160	金属制安综合工	工日	120.00	0.935	0.700	0.700
材料	011300020	扁钢 综合	kg	3.26	4.800	3.400	3.400
	030440720	不锈钢驳接爪 一爪	套	55.56	0.147	0.147	0.147
	030440730	不锈钢驳接爪 二爪	套	96.58	0.807	0.807	0.807
	030440740	不锈钢驳接爪 四爪	套	173.50	0.660	0.660	0.660
	020702000	橡胶垫 0.8	m^2	5.57	1.600	1.600	1.600
	020301000	橡胶垫条	m	3.62	3.200	3.200	3.200
	130105400	调和漆 综合	kg	11.97	0.380	0.380	0.380
	144101320	玻璃胶 350 g/支	支	27.35	0.250	0.250	0.250
	060700500	夹丝玻璃	m^2	188.03	—	—	1.000
	060500310	钢化玻璃	m^2	57.26	—	1.000	—
	061100020	中空玻璃	m^2	102.56	1.000	—	—
	002000010	其他材料费	元	—	5.21	4.73	6.11

C.3.5 木(防腐木)屋面(编码:050303009)

工作内容:定位、下料安装龙骨、安玻璃或面板、周边塞口、嵌缝清理等。 **计量单位**:m^2

定额编号					EC0047	EC0048
项目名称					木板屋面板厚 50mm	
					平铺	搭接
费用	综合单价(元)				**238.27**	**290.37**
	其中	人工费(元)			50.13	57.75
		材料费(元)			181.51	224.98
		施工机具使用费(元)			—	—
		企业管理费(元)			3.55	4.09
		利润(元)			2.18	2.51
		一般风险费(元)			0.90	1.04
	编码	名称	单位	单价(元)	消耗量	
人工	000300050	木工综合工	工日	125.00	0.401	0.462
材料	091100420	屋面板平铺制作	m^2	128.21	1.130	—
	091100410	屋面板搭接制作	m^2	128.21	—	1.469
	030102600	镀锌木螺钉 M6×100	十个	0.87	40.800	40.800
	002000010	其他材料费	元	—	1.14	1.14

C.4 花架(编码:050304)

C.4.1 现浇混凝土花架柱、梁(编码:050304001)

工作内容:混凝土搅拌、运输、浇捣、养护。

计量单位:m^3

定额编号					EC0049	EC0050	EC0051	EC0052	EC0053	EC0054
项目名称					现浇混凝土花架					
					梁、檩		柱		其他构件	
					自拌混凝土	商品混凝土	自拌混凝土	商品混凝土	自拌混凝土	商品混凝土
费用	综合单价(元)				**474.96**	**394.16**	**502.12**	**421.34**	**568.77**	**332.49**
	其中	人工费(元)			164.57	86.83	187.57	109.83	247.02	31.97
		材料费(元)			261.53	275.53	261.14	275.15	261.97	275.98
		施工机具使用费(元)			27.09	20.31	28.59	21.82	27.09	20.31
		企业管理费(元)			11.65	6.15	13.28	7.78	17.49	2.26
		利润(元)			7.16	3.78	8.16	4.78	10.75	1.39
		一般风险费(元)			2.96	1.56	3.38	1.98	4.45	0.58
	编码	名称	单位	单价(元)	消耗量					
人工	000300080	混凝土综合工	工日	115.00	1.431	0.755	1.631	0.955	2.148	0.278
材料	023300110	草袋	m^2	0.95	0.500	0.500	0.100	0.100	0.960	0.960
	840201140	商品砼	m^3	266.99	—	1.010	—	1.010	—	1.010
	800204030	砼 C25(塑、特、碎 5~10、坍 10~30)	m^3	252.23	1.015	—	1.015	—	1.015	—
	341100100	水	m^3	4.42	0.038	—	0.038	—	0.038	—
	002000010	其他材料费	元	—	4.87	5.40	4.86	5.40	4.88	5.41
机械	990406010	机动翻斗车 1t	台班	188.07	0.108	0.108	0.116	0.116	0.108	0.108
	990602030	双锥反转出料混凝土搅拌机 500L	台班	250.94	0.027	—	0.027	—	0.027	—

工作内容:模板制作、安装、刷油、拆除、整理、堆放、场内外运输。

计量单位:m^2

定额编号					EC0055	EC0056	EC0057
项目名称					现浇混凝土花架模板		
					柱	梁、檩	构件及小品
费用	综合单价(元)				**75.36**	**71.02**	**113.60**
	其中	人工费(元)			46.20	43.44	66.00
		材料费(元)			20.81	19.41	38.66
		施工机具使用费(元)			2.24	2.42	0.21
		企业管理费(元)			3.27	3.08	4.67
		利润(元)			2.01	1.89	2.87
		一般风险费(元)			0.83	0.78	1.19
	编码	名称	单位	单价(元)	消耗量		
人工	000300060	模板综合工	工日	120.00	0.385	0.362	0.550
材料	050303800	木材 锯材	m^3	1547.01	0.005	0.005	0.020
	350100011	复合模板	m^2	23.93	0.306	0.247	—
	002000010	其他材料费	元	—	—	1.12	1.91
	032102830	支撑钢管及扣件	kg	3.68	0.607	0.702	—
	172506810	硬塑料管 ϕ20	m	1.03	1.178	1.200	—
	030113250	对拉螺栓	kg	5.56	0.243	0.148	—
	030190010	圆钉综合	kg	6.60	0.012	—	—
	143502500	隔离剂	kg	0.94	0.100	—	—
	144302000	塑料胶布带 20mm×50m	卷	26.00	0.030	—	—
	030100650	铁钉	kg	7.26	—	—	0.800
机械	990304001	汽车式起重机 5t	台班	473.39	0.002	0.002	—
	990706010	木工圆锯机 直径 500mm	台班	25.81	0.001	0.008	0.008
	990401025	载重汽车 6t	台班	422.13	0.003	0.003	—

C.4.2 预制混凝土花架柱、梁(编码:050304002)

工作内容:构件翻身就位,加固、安装、校正、焊接、固定、清理、灌浆填缝。　　计量单位:m^3

		定额编号			EC0058
		项目名称			预制混凝土 花架构件及小品安装
费用		综合单价(元)			**568.63**
	其中	人工费(元)			156.63
		材料费(元)			384.66
		施工机具使用费(元)			6.62
		企业管理费(元)			11.09
		利润(元)			6.81
		一般风险费(元)			2.82
	编码	名称	单位	单价(元)	消耗量
人工	000300080	混凝土综合工	工日	115.00	1.362
材料	032130210	垫铁	kg	3.75	0.510
	031350010	低碳钢焊条 综合	kg	4.19	0.220
	810201050	水泥砂浆 1:3(特)	m^3	213.87	0.015
	042902340	预制混凝土花架构件及小品	m^3	367.52	1.010
	002000010	其他材料费	元	—	7.42
机械	990304001	汽车式起重机 5t	台班	473.39	0.013
	990901010	交流弧焊机 容量 21kV·A	台班	58.56	0.008

C.4.3 金属花架柱、梁(编码:050304003)

工作内容:材料运输、堆放、钢构件制作、校正、焊接、画线、下料、拼装、配铁件、安装等。　　计量单位:t

		定额编号			EC0059	EC0060
		项目名称			钢制亭、花架	
					柱	梁
费用		综合单价(元)			**6600.28**	**6318.42**
	其中	人工费(元)			1838.04	1865.28
		材料费(元)			3545.88	3480.70
		施工机具使用费(元)			973.20	725.66
		企业管理费(元)			130.13	132.06
		利润(元)			79.95	81.14
		一般风险费(元)			33.08	33.58
	编码	名称	单位	单价(元)	消耗量	
人工	000300160	金属制安综合工	工日	120.00	15.317	15.544
材料	010000010	型钢 综合	kg	3.09	1060.000	1060.000
	031350010	低碳钢焊条 综合	kg	4.19	28.000	20.000
	143901010	乙炔气	m^3	14.31	4.100	2.700
	143900700	氧气	m^3	3.26	9.000	6.000
	002000010	其他材料费	元	—	65.15	63.30
机械	990304001	汽车式起重机 5t	台班	473.39	0.354	0.310
	990727020	立式钻床 钻孔直径 35mm	台班	10.72	0.089	0.150
	990749010	型钢剪板机 剪断宽度 500mm	台班	260.86	0.009	0.089
	990905010	汽油电焊机 160A	台班	215.85	3.717	2.567

C.4.4 木花架柱、梁(编码:050304004)

工作内容:木构件制作、木望板、封檐板制作、画线、下料、拼装、安装等。

计量单位:m³

定额编号					EC0061	EC0062	EC0063	EC0064
项目名称					木花架			
					柱	梁	檩条	椽子
费用	综合单价(元)				**2552.21**	**2431.71**	**2201.59**	**2231.27**
	其中	人工费(元)			701.63	574.13	376.75	419.88
		材料费(元)			1757.75	1781.63	1775.00	1755.84
		施工机具使用费(元)			—	—	—	—
		企业管理费(元)			49.68	40.65	26.67	29.73
		利润(元)			30.52	24.97	16.39	18.26
		一般风险费(元)			12.63	10.33	6.78	7.56
	编码	名称	单位	单价(元)	消耗量			
人工	000300050	木工综合工	工日	125.00	5.613	4.593	3.014	3.359
材料	050301720	防腐木	m³	1538.46	1.100	1.100	1.100	1.100
	030125030	螺栓 综合	套	2.82	4.200	9.500	8.500	—
	032130010	铁件 综合	kg	3.68	5.200	7.500	6.500	—
	030100650	铁钉	kg	7.26	—	—	—	4.000
	002000010	其他材料费	元	—	34.46	34.93	34.80	34.49

工作内容:木构件制作、木望板、封檐板制作、画线、下料、拼装、安装等。

计量单位:m²

定额编号					EC0065	EC0066
项目名称					木望板	木檐板
					30mm 厚	
费用	综合单价(元)				**64.94**	**102.99**
	其中	人工费(元)			8.00	27.13
		材料费(元)			55.88	72.27
		施工机具使用费(元)			—	—
		企业管理费(元)			0.57	1.92
		利润(元)			0.35	1.18
		一般风险费(元)			0.14	0.49
	编码	名称	单位	单价(元)	消耗量	
人工	000300050	木工综合工	工日	125.00	0.064	0.217
材料	050301720	防腐木	m³	1538.46	0.034	0.045
	002000010	其他材料费	元	—	3.57	3.04

C.5 园林桌椅(编码:050305)

C.5.1 水磨石飞来椅(编码:050305002)

工作内容:制作、安装、拆除模板、制作及绑扎钢筋、浇捣混凝土、砂浆抹平、构件养护、面层磨光、打蜡及安装清理。

计量单位:10m

定额编号					EC0067
项目名称					飞来椅
					彩色水磨石
费用	综合单价(元)				**7835.31**
	其中	人工费(元)			6076.03
		材料费(元)			948.48
		施工机具使用费(元)			6.94
		企业管理费(元)			430.18
		利润(元)			264.31
		一般风险费(元)			109.37
	编码	名称	单位	单价(元)	消耗量
人工	000300080	混凝土综合工	工日	115.00	52.835
材料	050303800	木材 锯材	m^3	1547.01	0.233
	810401020	水泥白石子浆 1:1.5	m^3	770.22	0.310
	810402040	彩色石子浆 1:2.5	m^3	874.57	0.150
	010100010	钢筋 综合	kg	3.07	70.000
	002000010	其他材料费	元	—	3.17
机械	990610010	灰浆搅拌机 200L	台班	187.56	0.037

C.5.2 现浇混凝土桌凳(编码:050305004)

工作内容:混凝土搅拌、运输、浇捣、养护。

计量单位:m^3

定额编号					EC0068
项目名称					混凝土桌凳
					现浇
费用	综合单价(元)				**507.06**
	其中	人工费(元)			213.33
		材料费(元)			265.51
		施工机具使用费(元)			—
		企业管理费(元)			15.10
		利润(元)			9.28
		一般风险费(元)			3.84
	编码	名称	单位	单价(元)	消耗量
人工	000300080	混凝土综合工	工日	115.00	1.855
材料	800206020	砼 C20(塑、特、碎 5～31.5、坍 10～30)	m^3	229.88	1.020
	341100100	水	m^3	4.42	5.900
	002000010	其他材料费	元	—	4.95

工作内容:模板制作、安装、刷油、拆除、整理、堆放、场内外运输等。

计量单位:m^2

定额编号					EC0069
项目名称					混凝土桌凳
					现浇模板
费用	综合单价(元)				**132.81**
	其中	人工费(元)			81.84
		材料费(元)			39.94
		施工机具使用费(元)			0.21
		企业管理费(元)			5.79
		利润(元)			3.56
		一般风险费(元)			1.47
	编码	名称	单位	单价(元)	消耗量
人工	000300060	模板综合工	工日	120.00	0.682
材料	050303800	木材 锯材	m^3	1547.01	0.022
	002000010	其他材料费	元	—	0.63
	010302120	镀锌铁丝 8#	kg	3.08	0.522
	030100650	铁钉	kg	7.26	0.505
机械	990706010	木工圆锯机 直径 500mm	台班	25.81	0.008

C.5.3 预制混凝土桌凳(编码:050305005)

工作内容:1.冲洗石子、混凝土搅拌、运输、浇捣、振捣、养护等全部操作过程。
2.成品堆放。

计量单位:m^3

定额编号					EC0070
项目名称					混凝土桌凳
					预制
费用	综合单价(元)				**535.09**
	其中	人工费(元)			253.81
		材料费(元)			247.70
		施工机具使用费(元)			—
		企业管理费(元)			17.97
		利润(元)			11.04
		一般风险费(元)			4.57
	编码	名称	单位	单价(元)	消耗量
人工	000300080	混凝土综合工	工日	115.00	2.207
材料	800206020	砼 C20(塑、特、碎 5~31.5、坍 10~30)	m^3	229.88	1.020
	341100100	水	m^3	4.42	1.950
	002000010	其他材料费	元	—	4.60

工作内容：模板制作、安装、刷油、拆除、整理、堆放、场内外运输等。 计量单位：m^3

定额编号						EC0071
项目名称						预制模板零星构件
						预制模板
费用	综合单价（元）					**604.61**
	其中	人工费（元）				345.60
		材料费（元）				211.85
		施工机具使用费（元）				1.44
		企业管理费（元）				24.47
		利润（元）				15.03
		一般风险费（元）				6.22
	编码	名称		单位	单价（元）	消耗量
人工	000300060	模板综合工		工日	120.00	2.880
材料	050303800	木材 锯材		m^3	1547.01	0.091
	030100650	铁钉		kg	7.26	2.348
	010302020	镀锌铁丝 22#		kg	3.08	0.114
	143502500	隔离剂		kg	0.94	5.614
	350100310	定型钢模板		kg	4.53	1.815
	042703850	混凝土地模		m^2	72.65	0.553
机械	990706010	木工圆锯机 直径500mm		台班	25.81	0.025
	990710010	木工单面压刨床 刨削宽度600mm		台班	31.84	0.025

C.5.4 石桌石凳（编码：050305006）

工作内容：运料、调运砂浆、铺灰、安装、清理。

定额编号						EC0072	EC0073
项目名称						方（圆）形石桌、石凳（直径800mm）	长条形石凳（$L=1.2m$）
						安装	
单位						套	条
费用	综合单价（元）					**478.26**	**275.34**
	其中	人工费（元）				81.60	55.80
		材料费（元）				385.86	212.16
		施工机具使用费（元）				—	—
		企业管理费（元）				5.78	3.95
		利润（元）				3.55	2.43
		一般风险费（元）				1.47	1.00
	编码	名称		单位	单价（元）	消耗量	
人工	000900010	园林综合工		工日	120.00	0.680	0.465
材料	081701033	石桌（直径800mm）		套	384.61	1.000	—
	081701035	条形石凳（$L=1.2m$）		套	160.00	—	1.020
	800204020	砼 C20（塑、特、碎5～10、坍10～30）		m^3	233.15	—	0.210
	810104030	M10.0 水泥砂浆（特 稠度70～90mm）		m^3	209.07	0.006	—

C.5.5 水磨石桌凳(编码:050305007)

工作内容:运料、调运砂浆、铺灰、安装、清理。

计量单位:套

定额编号					EC0074
项目名称					水磨石桌,石凳(直径 800mm)
					制作安装
费用	综合单价(元)				971.11
	其中	人工费(元)			512.79
		材料费(元)			390.47
		施工机具使用费(元)			—
		企业管理费(元)			36.31
		利润(元)			22.31
		一般风险费(元)			9.23
	编码	名称	单位	单价(元)	消耗量
人工	000300080	混凝土综合工	工日	115.00	4.459
材料	800204020	砼 C20(塑、特、碎 5~10、坍 10~30)	m^3	233.15	0.180
	810401010	水泥白石子浆 1:1.25	m^3	779.15	0.060
	810201030	水泥砂浆 1:2(特)	m^3	256.68	0.050
	042703850	混凝土地模	m^2	72.65	0.880
	010100300	钢筋 ϕ 10 以内	t	2905.98	0.021
	010302120	镀锌铁丝 8[#]	kg	3.08	1.800
	050303800	木材 锯材	m^3	1547.01	0.037
	031395430	金刚石三角	块	6.84	9.740
	030190010	圆钉综合	kg	6.60	4.180
	002000010	其他材料费	元	—	6.97

C.5.6 塑树根桌凳(编码:050305008)

工作内容:1.调运砂浆、找平、二底二面、压光塑面层、清理养护。
2.钢筋制作、绑扎、调制砂浆、底面抹灰、现场安装。

计量单位:10m

定额编号					EC0075	EC0076
项目名称					塑树根	
					直径(mm 以内)	
					150	250
费用	综合单价(元)				806.54	1139.20
	其中	人工费(元)			577.44	731.52
		材料费(元)			150.83	306.40
		施工机具使用费(元)			1.88	4.50
		企业管理费(元)			40.88	51.79
		利润(元)			25.12	31.82
		一般风险费(元)			10.39	13.17
	编码	名称	单位	单价(元)	消耗量	
人工	000900010	园林综合工	工日	120.00	4.812	6.096
材料	810201030	水泥砂浆 1:2(特)	m^3	256.68	0.120	0.300
	810425010	素水泥浆	m^3	479.39	0.050	0.080
	010100310	钢筋 ϕ 10 以内	kg	2.91	11.000	31.000
	032100820	镀锌铁丝网	m^2	10.60	4.980	8.290
	142301400	氧化铁红	kg	5.98	1.810	2.010
	002000010	其他材料费	元	—	0.44	0.94
机械	990610010	灰浆搅拌机 200L	台班	187.56	0.010	0.024

工作内容：运料、调制混凝土砂浆、捣制胚胎、造型、塑树皮木纹、养护、清理。　　　　计量单位：套

定额编号					EC0077	EC0078	EC0079
项目名称					塑粗皮(松、樟)树蔸桌凳		
					小	中	大
费用	综合单价（元）				**1340.79**	**2055.29**	**3092.57**
	其中	人工费（元）			939.00	1423.08	2134.20
		材料费（元）			277.56	443.94	676.01
		施工机具使用费（元）			—	—	—
		企业管理费（元）			66.48	100.75	151.10
		利润（元）			40.85	61.90	92.84
		一般风险费（元）			16.90	25.62	38.42
	编码	名称	单位	单价(元)	消耗量		
人工	000900010	园林综合工	工日	120.00	7.825	11.859	17.785
材料	800210010	砼 C15(塑、特、碎 5～10、坍 35～50)	m^3	219.50	0.099	0.150	0.225
	800204010	砼 C15(塑、特、碎 5～10、坍 10～30)	m^3	218.14	0.352	0.534	0.801
	810202020	混合砂浆 1:0.5:1（特）	m^3	297.84	0.046	0.069	0.104
	810202100	混合砂浆 1:0.5:3（特）	m^3	243.23	0.077	0.116	0.174
	050303800	木材 锯材	m^3	1547.01	0.046	0.084	0.136
	030190010	圆钉综合	kg	6.60	0.770	1.170	1.170
	010100300	钢筋 ϕ 10 以内	t	2905.98	0.007	0.011	0.016
	010302020	镀锌铁丝 22#	kg	3.08	0.220	0.340	0.510
	023300110	草袋	m^2	0.95	3.140	4.770	7.150
	142303100	石性颜料	kg	4.27	1.870	2.860	4.250
	040100520	白色硅酸盐水泥	kg	0.75	9.590	14.530	21.790
	144100400	801 胶	kg	5.18	1.880	2.860	4.290
	341100100	水	m^3	4.42	2.030	3.090	4.630
	002000010	其他材料费	元	—	12.48	18.96	28.44

工作内容：运料、调制混凝土砂浆、捣制胚胎、造型、塑树皮木纹、养护、清理。　　　　计量单位：套

定额编号					EC0080	EC0081	EC0082
项目名称					塑光皮(梧桐、青皮)树蔸桌凳		
					小	中	大
费用	综合单价（元）				**1439.55**	**2313.49**	**3535.95**
	其中	人工费（元）			986.64	1591.08	2435.64
		材料费（元）			322.38	511.91	778.08
		施工机具使用费（元）			—	—	—
		企业管理费（元）			69.85	112.65	172.44
		利润（元）			42.92	69.21	105.95
		一般风险费（元）			17.76	28.64	43.84
	编码	名称	单位	单价(元)	消耗量		
人工	000900010	园林综合工	工日	120.00	8.222	13.259	20.297
材料	800210010	砼 C15(塑、特、碎 5～10、坍 35～50)	m^3	219.50	0.099	0.150	0.225
	800204010	砼 C15(塑、特、碎 5～10、坍 10～30)	m^3	218.14	0.352	0.534	0.801
	810202020	混合砂浆 1:0.5:1（特）	m^3	297.84	0.046	0.069	0.104
	810202100	混合砂浆 1:0.5:3（特）	m^3	243.23	0.077	0.116	0.174
	050303800	木材 锯材	m^3	1547.01	0.046	0.084	0.136
	030190010	圆钉综合	kg	6.60	0.760	1.170	1.170
	010100300	钢筋 ϕ 10 以内	t	2905.98	0.007	0.011	0.016
	010302020	镀锌铁丝 22#	kg	3.08	0.220	0.340	0.510
	023300110	草袋	m^2	0.95	3.140	4.770	7.150
	142301300	氧化铬绿	kg	12.82	1.740	2.640	3.960
	040100520	白色硅酸盐水泥	kg	0.75	50.340	76.270	114.400
	144100400	801 胶	kg	5.18	1.880	2.860	4.290
	341100100	水	m^3	4.42	2.030	3.098	4.630
	002000010	其他材料费	元	—	12.48	18.96	28.44

C.5.7 塑料、铁艺、金属椅(编码:050305010)

C.5.7.1 成品坐凳

工作内容:成品椅搬运、安装、找正、找平、固定、清理现场。

计量单位:组

		定额编号			EC0083	EC0084	EC0085
		项目名称			安装塑料椅	安装铁艺椅	安装铸铁椅
费用		**综合单价(元)**			**82.69**	**131.50**	**213.87**
	其中	人工费(元)			6.72	7.44	8.64
		材料费(元)			75.08	123.08	204.08
		施工机具使用费(元)			—	—	—
		企业管理费(元)			0.48	0.53	0.61
		利润(元)			0.29	0.32	0.38
		一般风险费(元)			0.12	0.13	0.16
	编码	名称	单位	单价(元)	消耗量		
人工	000300160	金属制安综合工	工日	120.00	0.056	0.062	0.072
材料	543300300	成品塑料椅	组	68.00	1.000	—	—
	543300100	成品铁艺椅	组	116.00	—	1.000	—
	543300200	成品铸铁椅	组	197.00	—	—	1.000
	030111559	地脚螺栓 M10×100	套	1.77	4.000	4.000	4.000

C.5.7.2 木坐凳

工作内容:安装木龙骨及面板、铁件固定、清理、净面。

计量单位:10m²

		定额编号			EC0086
		项目名称			木条凳面
费用		**综合单价(元)**			**1952.16**
	其中	人工费(元)			460.38
		材料费(元)			1430.87
		施工机具使用费(元)			—
		企业管理费(元)			32.59
		利润(元)			20.03
		一般风险费(元)			8.29
	编码	名称	单位	单价(元)	消耗量
人工	000300050	木工综合工	工日	125.00	3.683
材料	030131517	膨胀螺栓 M8×60	套	0.28	210.530
	292102500	连接件	kg	5.13	32.200
	050301730	防腐木板 50mm	m²	100.00	9.330
	050301720	防腐木	m³	1538.46	0.166
	030190010	圆钉综合	kg	6.60	2.780

C.6 喷泉安装(编码:050306)

C.6.1 喷泉管道(编码:050306001)

C.6.1.1 喷泉喷头安装

工作内容:喷头检查、清理、安装等。　　计量单位:套

定额编号					EC0087	EC0088	EC0089	EC0090	EC0091
项目名称					喷泉喷头安装				
					公称直径(mm 以内)				
					15	20	25	32	40
费用	综合单价(元)				**5.07**	**8.32**	**4.01**	**10.53**	**7.41**
	其中	人工费(元)			3.88	6.75	2.88	8.63	5.75
		材料费(元)			0.68	0.68	0.75	0.75	0.90
		施工机具使用费(元)			—	—	—	—	—
		企业管理费(元)			0.27	0.48	0.20	0.61	0.41
		利润(元)			0.17	0.29	0.13	0.38	0.25
		一般风险费(元)			0.07	0.12	0.05	0.16	0.10
	编码	名称	单位	单价(元)	消耗量				
人工	000500010	安装综合工	工日	125.00	0.031	0.054	0.023	0.069	0.046
材料	232100010	喷头	套	—	(1.010)	(1.010)	(1.010)	(1.010)	(1.010)
	002000010	其他材料费	元	—	0.68	0.68	0.75	0.75	0.90

工作内容:喷头检查、清理、安装等。　　计量单位:套

定额编号					EC0092	EC0093	EC0094	EC0095
项目名称					喷泉喷头安装			
					公称直径(mm 以内)			
					50	70	80	100
费用	综合单价(元)				**7.61**	**9.04**	**9.24**	**10.98**
	其中	人工费(元)			5.75	6.75	6.75	7.75
		材料费(元)			1.10	1.40	1.60	2.20
		施工机具使用费(元)			—	—	—	—
		企业管理费(元)			0.41	0.48	0.48	0.55
		利润(元)			0.25	0.29	0.29	0.34
		一般风险费(元)			0.10	0.12	0.12	0.14
	编码	名称	单位	单价(元)	消耗量			
人工	000500010	安装综合工	工日	125.00	0.046	0.054	0.054	0.062
材料	232100010	喷头	套	—	(1.010)	(1.010)	(1.010)	(1.010)
	002000010	其他材料费	元	—	1.10	1.40	1.60	2.20

C.6.1.2 **蒲公英喷头安装**

工作内容:喷头检查、清理、安装等。

计量单位:套

定额编号					EC0096	EC0097	EC0098
项目名称					蒲公英喷头安装		
					蒲公英喷头		
					29根杆	43根杆	85根杆
费用	综合单价(元)				**65.69**	**78.77**	**95.24**
	其中	人工费(元)			57.75	69.25	83.75
		材料费(元)			0.30	0.36	0.41
		施工机具使用费(元)			—	—	—
		企业管理费(元)			4.09	4.90	5.93
		利润(元)			2.51	3.01	3.64
		一般风险费(元)			1.04	1.25	1.51
	编码	名称	单位	单价(元)	消耗量		
人工	000500010	安装综合工	工日	125.00	0.462	0.554	0.670
材料	232100010	喷头	套	—	(1.000)	(1.000)	(1.000)
	002000010	其他材料费	元	—	0.30	0.36	0.41

C.6.1.3 **溢、排水管安装**

工作内容:切管、调直、栽钩卡及管件安装、试水压。

计量单位:根

定额编号					EC0099	EC0100	EC0101
项目名称					溢、排水管安装		
					公称直径(mm以内)		
					50	100	150
费用	综合单价(元)				**111.51**	**224.85**	**382.12**
	其中	人工费(元)			40.75	98.38	176.25
		材料费(元)			65.37	113.46	182.55
		施工机具使用费(元)			—	—	—
		企业管理费(元)			2.89	6.96	12.48
		利润(元)			1.77	4.28	7.67
		一般风险费(元)			0.73	1.77	3.17
	编码	名称	单位	单价(元)	消耗量		
人工	000500010	安装综合工	工日	125.00	0.326	0.787	1.410
材料	093701000	钢格栅 公称直径 50	个	25.64	1.000	—	—
	093701010	钢格栅 公称直径 100	个	42.74	—	1.000	—
	093701020	钢格栅 公称直径 150	个	68.38	—	—	1.000
	170300500	镀锌钢管 $DN50$	m	14.80	1.015	—	—
	170300700	镀锌钢管 $DN100$	m	35.53	—	1.015	—
	170300750	镀锌钢管 $DN150$	m	67.88	—	—	1.015
	031350010	低碳钢焊条 综合	kg	4.19	0.020	0.020	0.020
	130102410	环氧煤沥青漆	kg	16.15	0.400	0.800	1.200
	022901510	油麻	kg	8.00	0.500	0.700	0.900
	133500200	防水粉	kg	0.68	0.002	0.002	0.002
	810201030	水泥砂浆 1:2(特)	m^3	256.68	0.050	0.050	0.050
	002000010	其他材料费	元	—	1.33	3.22	5.77

C.6.2 喷泉设备(编码:050306005)

C.6.2.1 喷泉过滤设备

工作内容:检查、清理、安装就位。

		定额编号			EC0102	EC0103	EC0104	EC0105	EC0106
		项目名称			喷泉过滤设备				旱喷泉喷口不锈钢格栅安装
					过滤网	过滤箱	过滤器	过滤池	
		单位			m²	个	台	m³	m²
费用		**综合单价(元)**			**164.45**	**323.48**	**580.89**	**2882.53**	**379.94**
	其中	人工费(元)			70.25	177.00	353.00	1768.13	29.88
		材料费(元)			74.70	105.20	147.16	815.83	346.10
		施工机具使用费(元)			10.21	17.86	34.03	64.65	—
		企业管理费(元)			4.97	12.53	24.99	125.18	2.12
		利润(元)			3.06	7.70	15.36	76.91	1.30
		一般风险费(元)			1.26	3.19	6.35	31.83	0.54
	编码	名称	单位	单价(元)	消耗量				
人工	000500010	安装综合工	工日	125.00	0.562	1.416	2.824	14.145	0.239
材料	011300600	镀锌扁钢综合	kg	4.23	10.000	10.000	20.000	180.000	—
	030114400	半圆头镀锌螺栓 M8～12×12～50	套	0.55	1.000	2.000	6.000	—	—
	130500800	防锈漆 C53－1	kg	16.92	0.500	1.000	2.000	—	—
	130101300	酚醛调和漆	kg	9.83	0.500	1.000	2.000	—	—
	225100010	尼龙过滤网	m²	7.69	2.000	4.000	—	—	—
	360300200	不锈钢格栅	m²	153.85	—	—	—	—	1.000
	030125113	螺栓 M19×310	个	4.27	—	—	—	—	45.000
	002000010	其他材料费	元	—	3.09	4.29	5.76	54.43	0.10
机械	990901020	交流弧焊机 32kV·A	台班	85.07	0.120	0.210	0.400	0.760	—

C.7 杂项(编码:050307)

C.7.1 石灯(编码:050307001)

工作内容:挖基坑、铺碎石垫层、混凝土基础浇筑、调运砂浆、石灯场内运输、安装、校正、修面。 **计量单位**:10 个

		定额编号			EC0107	EC0108
		项目名称			石灯安装(成品)	
					规格(mm)	
					250×250×450 以内	300×300×550 以内
费用		**综合单价(元)**			**5622.68**	**7396.75**
	其中	人工费(元)			389.76	431.76
		材料费(元)			5179.35	6904.99
		施工机具使用费(元)			2.00	2.88
		企业管理费(元)			27.60	30.57
		利润(元)			16.95	18.78
		一般风险费(元)			7.02	7.77
	编码	名称	单位	单价(元)	消耗量	
人工	000900010	园林综合工	工日	120.00	3.248	3.598
材料	081900050	石灯 250×250×450 以内	个	512.82	10.000	—
	081900053	石灯 300×300×550 以内	个	683.76	—	10.000
	040500400	碎石 40	m³	101.94	0.240	0.303
	800204010	砼 C15(塑、特、碎 5～10、坍 10～30)	m³	218.14	0.090	0.123
	810201030	水泥砂浆 1:2(特)	m³	256.68	0.027	0.037
	341100100	水	m³	4.42	0.028	0.039
机械	990610010	灰浆搅拌机 200L	台班	187.56	0.004	0.006
	990602030	双锥反转出料混凝土搅拌机 500L	台班	250.94	0.005	0.007

工作内容：挖基坑、铺碎石垫层、混凝土基础浇筑、调运砂浆、石灯场内运输、安装、校正、修面。　　计量单位：10 个

定额编号						EC0109	EC0110
项目名称						石灯安装(成品)	
						规格(mm)	
						400×400×650 以内	400×400×650 以上
费用	综合单价（元）					**9198.20**	**11906.04**
	其中	人工费（元）				496.08	603.84
		材料费（元）				8632.67	11217.61
		施工机具使用费（元）				3.82	4.70
		企业管理费（元）				35.12	42.75
		利润（元）				21.58	26.27
		一般风险费（元）				8.93	10.87
	编码	名称		单位	单价(元)	消耗量	
人工	000900010	园林综合工		工日	120.00	4.134	5.032
材料	081900055	石灯 400×400×650 以内		个	854.70	10.000	—
	081900057	石灯 400×400×650 以上		个	1111.11	—	10.000
	040500400	碎石 40		m^3	101.94	0.375	0.454
	800204010	砼 C15(塑、特、碎 5～10、坍 10～30)		m^3	218.14	0.160	0.203
	810201030	水泥砂浆 1:2（特）		m^3	256.68	0.048	0.061
	341100100	水		m^3	4.42	0.050	0.066
机械	990610010	灰浆搅拌机 200L		台班	187.56	0.007	0.009
	990602030	双锥反转出料混凝土搅拌机 500L		台班	250.94	0.010	0.012

C.7.2 石球(编码:050307002)

工作内容：挖基坑、铺碎石垫层、混凝土基础浇筑、调运砂浆、石球场内运输、安装、校正、修面。　　计量单位：10 个

定额编号						EC0111	EC0112	EC0113	EC0114
项目名称						石球安装(成品)			
						球直径(mm 以内)			
						500	600	800	1000
费用	综合单价（元）					**4399.46**	**5771.35**	**7628.99**	**9578.09**
	其中	人工费（元）				431.40	495.84	603.84	794.04
		材料费（元）				3908.98	5207.21	6941.44	8674.30
		施工机具使用费（元）				2.00	2.69	3.82	4.70
		企业管理费（元）				30.54	35.11	42.75	56.22
		利润（元）				18.77	21.57	26.27	34.54
		一般风险费（元）				7.77	8.93	10.87	14.29
	编码	名称		单位	单价(元)	消耗量			
人工	000900010	园林综合工		工日	120.00	3.595	4.132	5.032	6.617
材料	081900060	石球 ϕ500 以内		个	384.62	10.000	—	—	—
	081900063	石球 ϕ600 以内		个	512.82	—	10.000	—	—
	081900065	石球 ϕ800 以内		个	683.76	—	—	10.000	—
	081900067	石球 ϕ1000 以内		个	854.70	—	—	—	10.000
	040500400	碎石 40		m^3	101.94	0.240	0.303	0.375	0.454
	800204010	砼 C15(塑、特、碎 5～10、坍 10～30)		m^3	218.14	0.090	0.123	0.160	0.203
	810201030	水泥砂浆 1:2（特）		m^3	256.68	0.027	0.037	0.048	0.061
	341100100	水		m^3	4.42	0.028	0.039	0.050	0.660
	032130010	铁件 综合		kg	3.68	3.159	3.159	4.936	4.936
机械	990610010	灰浆搅拌机 200L		台班	187.56	0.004	0.005	0.007	0.009
	990602030	双锥反转出料混凝土搅拌机 500L		台班	250.94	0.005	0.007	0.010	0.012

C.7.3 塑仿石音箱(编码:050307003)

工作内容:挖基坑、铺碎石垫层、混凝土基础浇筑、调运砂浆、音箱场内运输、定位、钻孔、螺栓安装。　　**计量单位:**10 个

		定额编号			EC0115	EC0116
		项目名称			仿石音箱安装(成品)	
					规格(mm)	
					200×200×300 以内	250×250×350 以内
费用		**综合单价(元)**			**2057.59**	**2626.03**
	其中	人工费(元)			292.13	333.38
		材料费(元)			1725.93	2247.23
		施工机具使用费(元)			0.88	1.32
		企业管理费(元)			20.68	23.60
		利润(元)			12.71	14.50
		一般风险费(元)			5.26	6.00
	编码	名称	单位	单价(元)	消耗量	
人工	000500010	安装综合工	工日	125.00	2.337	2.667
材料	301900100	仿石音箱 200×200×300 以内	个	170.94	10.000	—
	301900200	仿石音箱 250×250×350 以内	个	222.22	—	10.000
	040500400	碎石 40	m^3	101.94	0.063	0.090
	800204010	砼 C15(塑、特、碎 5~10、坍 10~30)	m^3	218.14	0.032	0.050
	810201030	水泥砂浆 1:2(特)	m^3	256.68	0.012	0.019
	341100100	水	m^3	4.42	0.011	0.017
机械	990610010	灰浆搅拌机 200L	台班	187.56	0.002	0.003
	990602030	双锥反转出料混凝土搅拌机 500L	台班	250.94	0.002	0.003

工作内容:挖基坑、铺碎石垫层、混凝土基础浇筑、调运砂浆、音箱场内运输、定位、钻孔、螺栓安装。　　**计量单位:**10 个

		定额编号			EC0117	EC0118
		项目名称			仿石音箱安装(成品)	
					规格(mm)	
					300×300×450 以内	300×300×450 以上
费用		**综合单价(元)**			**3183.05**	**3633.90**
	其中	人工费(元)			363.00	438.88
		材料费(元)			2770.28	3133.64
		施工机具使用费(元)			1.75	3.32
		企业管理费(元)			25.70	31.07
		利润(元)			15.79	19.09
		一般风险费(元)			6.53	7.90
	编码	名称	单位	单价(元)	消耗量	
人工	000500010	安装综合工	工日	125.00	2.904	3.511
材料	301900300	仿石音箱 300×300×450 以内	个	273.50	10.000	—
	301900400	仿石音箱 300×300×450 以上	个	307.69	—	10.000
	040500400	碎石 40	m^3	101.94	0.123	0.160
	800204010	砼 C15(塑、特、碎 5~10、坍 10~30)	m^3	218.14	0.072	0.128
	810201030	水泥砂浆 1:2(特)	m^3	256.68	0.027	0.048
	341100100	水	m^3	4.42	0.024	0.043
机械	990610010	灰浆搅拌机 200L	台班	187.56	0.004	0.007
	990602030	双锥反转出料混凝土搅拌机 500L	台班	250.94	0.004	0.008

C.7.4 塑树皮梁、柱(编码:050307004)

工作内容:调运砂浆、找平、二底二面、压光塑面层、清理养护。

计量单位:10m²

定额编号						EC0119	EC0120	EC0121
项目名称						仿木纹表层	塑松(杉)树皮	塑竹
费用	综合单价(元)					**583.02**	**2949.08**	**2757.95**
	其中	人工费(元)				469.56	2491.92	2281.92
		材料费(元)				51.34	122.42	169.08
		施工机具使用费(元)				—	5.06	5.06
		企业管理费(元)				33.24	176.43	161.56
		利润(元)				20.43	108.40	99.26
		一般风险费(元)				8.45	44.85	41.07
	编码	名称	单位	单价(元)		消耗量		
人工	000900010	园林综合工	工日	120.00		3.913	20.766	19.016
材料	810201010	水泥砂浆 1:1(特)	m^3	334.13		—	0.150	0.150
	810201030	水泥砂浆 1:2(特)	m^3	256.68		—	0.180	0.100
	810202060	混合砂浆 1:1:2(特)	m^3	253.76		—	—	0.080
	040100520	白色硅酸盐水泥	kg	0.75		55.400	—	—
	040300200	中砂	t	89.32		0.038	—	—
	341100100	水	m^3	4.42		0.025	—	—
	142301300	氧化铬绿	kg	12.82		—	—	5.600
	142303100	石性颜料	kg	4.27		—	6.000	—
	142303200	无机颜料	kg	5.13		0.970	—	—
	002000010	其他材料费	元	—		1.31	0.48	1.20
机械	990610010	灰浆搅拌机 200L	台班	187.56		—	0.027	0.027

C.7.5 塑竹梁、柱(编码:050307005)

工作内容:1.调运砂浆、找平、二底二面、压光塑面层、清理养护。
2.铁件制作安装。

计量单位:10m

定额编号					EC0122	EC0123	EC0124	EC0125
项目名称					塑楠竹		塑金丝竹	
					直径(mm以内)			
					100	150	100	150
费用	综合单价(元)				**756.23**	**1276.47**	**1256.78**	**1755.27**
	其中	人工费(元)			534.48	861.72	981.72	1292.52
		材料费(元)			149.91	298.31	144.24	289.31
		施工机具使用费(元)			1.13	2.44	0.94	2.44
		企业管理费(元)			37.84	61.01	69.51	91.51
		利润(元)			23.25	37.48	42.70	56.22
		一般风险费(元)			9.62	15.51	17.67	23.27
	编码	名称	单位	单价(元)	消耗量			
人工	000900010	园林综合工	工日	120.00	4.454	7.181	8.181	10.771
材料	142301400	氧化铁红	kg	5.98	0.060	0.090	—	—
	810201010	水泥砂浆 1:1(特)	m^3	334.13	0.080	0.160	0.070	0.160
	810425020	素水泥浆白水泥	m^3	494.78	0.020	0.030	0.020	0.030
	012100330	角钢 50×5	t	2777.78	0.039	0.080	0.039	0.078
	142301300	氧化铬绿	kg	12.82	0.300	0.450	0.030	0.050
	142300700	黄丹粉	kg	5.13	—	—	0.300	0.450
	002000010	其他材料费	元	—	0.75	1.48	0.70	1.39
机械	990610010	灰浆搅拌机 200L	台班	187.56	0.006	0.013	0.005	0.013

C.7.6 铁艺栏杆(编码:050307006)

工作内容:挖坑、定位、校正、安装、回填土、清理现场等。　　计量单位:m

		定额编号			EC0126	EC0127	EC0128
		项目名称			金属绿地栏杆		
					高度(m以内)		
					0.6	1.2	1.8
费用		**综合单价(元)**			**63.74**	**90.07**	**101.97**
	其中	人工费(元)			7.44	17.52	23.04
		材料费(元)			55.32	70.23	75.89
		施工机具使用费(元)			—	—	—
		企业管理费(元)			0.53	1.24	1.63
		利润(元)			0.32	0.76	1.00
		一般风险费(元)			0.13	0.32	0.41
	编码	名称	单位	单价(元)	消耗量		
人工	000300160	金属制安综合工	工日	120.00	0.062	0.146	0.192
材料	122101020	绿地栏杆	m	50.00	1.000	1.000	1.000
	800204020	砼C20(塑、特、碎5~10、坍10~30)	m^3	233.15	0.018	0.060	0.077
	030125115	螺栓 M20	个	5.47	—	0.800	1.000
	002000010	其他材料费	元	—	1.12	1.86	2.47

工作内容:选配料、截料、刨光、画线、镶拼、安装、校正。　　计量单位:m

		定额编号			EC0129
		项目名称			木栅栏
费用		**综合单价(元)**			**213.29**
	其中	人工费(元)			68.64
		材料费(元)			135.56
		施工机具使用费(元)			—
		企业管理费(元)			4.86
		利润(元)			2.99
		一般风险费(元)			1.24
	编码	名称	单位	单价(元)	消耗量
人工	000900010	园林综合工	工日	120.00	0.572
材料	050301720	防腐木	m^3	1538.46	0.085
	030100650	铁钉	kg	7.26	0.170
	144101100	白乳胶	kg	7.69	0.350
	002000010	其他材料费	元	—	0.87

工作内容：挖坑、定位、校正、安装、回填土、清理现场等。

计量单位：m^2

定额编号					EC0130
项目名称					绿地围网
费用	综合单价（元）				**25.74**
	其中	人工费（元）			16.20
		材料费（元）			7.40
		施工机具使用费（元）			—
		企业管理费（元）			1.15
		利润（元）			0.70
		一般风险费（元）			0.29
	编码	名称	单位	单价（元）	消耗量
人工	000900010	园林综合工	工日	120.00	0.135
材料	323500010	绿地围网	m^2	4.27	1.000
	800204020	砼 C20（塑、特、碎 5～10、坍 10～30）	m^3	233.15	0.011
	002000010	其他材料费	元	—	0.57

C.7.7 塑料栏杆（编码：050307007）

工作内容：挖坑、定位、校正、安装、回填土、清理现场等。

计量单位：$10m^2$

定额编号					EC0131
项目名称					塑料栏杆安装
费用	综合单价（元）				**1265.50**
	其中	人工费（元）			193.32
		材料费（元）			1046.60
		施工机具使用费（元）			—
		企业管理费（元）			13.69
		利润（元）			8.41
		一般风险费（元）			3.48
	编码	名称	单位	单价（元）	消耗量
人工	000900010	园林综合工	工日	120.00	1.611
材料	122101030	塑料栏杆	m^2	102.56	10.000
	002000010	其他材料费	元	—	21.00

C.7.8 钢筋混凝土艺术围栏(编码:050307008)

工作内容:清理现场,挖土方,铁件制作安装,构件安装。　　计量单位:10m

定额编号					EC0132	EC0133
项目名称					成品钢筋混凝土艺术围栏	
					高度(m以内)	
					1	2
费用	综合单价(元)				**1895.15**	**1954.26**
	其中	人工费(元)			349.20	360.12
		材料费(元)			1499.75	1546.49
		施工机具使用费(元)			—	—
		企业管理费(元)			24.72	25.50
		利润(元)			15.19	15.67
		一般风险费(元)			6.29	6.48
	编码	名称	单位	单价(元)	消耗量	
人工	000900010	园林综合工	工日	120.00	2.910	3.001
材料	042902330	成品钢筋混凝土艺术围栏	m	145.30	10.000	10.000
	810201040	水泥砂浆 1:2.5(特)	m^3	232.40	0.200	0.400
	341100100	水	m^3	4.42	0.060	0.120

C.7.9 标志牌(编码:050307009)

工作内容:选料、裁配料、刨光、刻字、画线、制作成型等全部过程,但不包括安装。　　计量单位:m^2

定额编号					EC0134	EC0135	EC0136	EC0137
项目名称					木标志牌制作		木标志牌刻字	木标志牌混色油漆(醇酸磁漆)
					带雕花边框	素边框		
费用	综合单价(元)				**1195.95**	**287.56**	**562.33**	**98.61**
	其中	人工费(元)			955.00	152.75	496.63	45.88
		材料费(元)			114.61	114.61	—	46.65
		施工机具使用费(元)			—	—	—	—
		企业管理费(元)			67.61	10.81	35.16	3.25
		利润(元)			41.54	6.64	21.60	2.00
		一般风险费(元)			17.19	2.75	8.94	0.83
	编码	名称	单位	单价(元)	消耗量			
人工	000300050	木工综合工	工日	125.00	7.640	1.222	3.973	—
	000300140	油漆综合工	工日	125.00	—	—	—	0.367
材料	144101100	白乳胶	kg	7.69	0.620	0.620	—	5.000
	050303800	木材 锯材	m^3	1547.01	0.071	0.071	—	—
	142302500	巴黎绿	kg	8.55	—	—	—	0.070
	130100400	醇酸磁漆	kg	11.67	—	—	—	0.600
	143501500	醇酸稀释剂	kg	10.26	—	—	—	0.030
	142300600	滑石粉	kg	0.30	—	—	—	0.280
	311700120	血料	kg	1.28	—	—	—	0.160

C.7.10 景墙(编码:050307010)

C.7.10.1 墙面装饰

工作内容:抹水泥砂浆:清理底层、砂浆拌和、运输、抹灰找平、压光、养护等。
涂料装饰:清污迹、刮腻子、磨砂纸、刷涂料、喷涂料等。

计量单位:m^2

定额编号						EC0138	EC0139	EC0140
项目名称						墙面装饰		
						抹水泥砂浆		涂料装饰
						砖墙	混凝土墙	喷仿石涂料
费用	综合单价(元)					**18.85**	**20.30**	**109.69**
	其中	人工费(元)				10.88	11.38	32.88
		材料费(元)				5.78	6.48	72.46
		施工机具使用费(元)				0.75	0.94	—
		企业管理费(元)				0.77	0.81	2.33
		利润(元)				0.47	0.49	1.43
		一般风险费(元)				0.20	0.20	0.59
	编码	名称	单位	单价(元)		消耗量		
人工	000300110	抹灰综合工	工日	125.00		0.087	0.091	0.263
材料	810425010	素水泥浆	m^3	479.39		0.001	0.001	—
	130307870	水性封底漆(普通)	kg	15.38		—	—	0.125
	130106000	水性中间(层)涂料	kg	25.64		—	—	0.250
	130105310	油性透明漆	kg	7.09		—	—	0.250
	130307820	仿石涂料	kg	14.74		—	—	4.160
	143509000	二甲苯稀释剂	kg	6.32		—	—	0.058
	810201040	水泥砂浆 1:2.5(特)	m^3	232.40		0.007	0.010	—
	810201050	水泥砂浆 1:3(特)	m^3	213.87		0.016	0.016	—
	002000010	其他材料费	元	—		0.22	0.22	0.67
	341100100	水	m^3	4.42		0.007	0.007	—
机械	990610010	灰浆搅拌机 200L	台班	187.56		0.004	0.005	—

工作内容:清理基层、砂浆拌和、运输、座浆、卵石搬运、净选卵石、铺设、找平、灌缝、清理等。

计量单位:m^2

定额编号					EC0141	EC0142
项目名称					墙面装饰	
					贴卵石	
					贴墙自然贴	贴墙拼花、贴带子
费用	综合单价(元)				**176.09**	**208.18**
	其中	人工费(元)			141.96	170.30
		材料费(元)			14.78	14.78
		施工机具使用费(元)			0.56	0.56
		企业管理费(元)			10.05	12.06
		利润(元)			6.18	7.41
		一般风险费(元)			2.56	3.07
	编码	名称	单位	单价(元)	消耗量	
人工	000300120	镶贴综合工	工日	130.00	1.092	1.310
材料	040501110	卵石	t	64.00	0.086	0.086
	810201030	水泥砂浆 1:2(特)	m^3	256.68	0.036	0.036
	002000010	其他材料费	元	—	0.04	0.04
机械	990610010	灰浆搅拌机 200L	台班	187.56	0.003	0.003

工作内容：调制砂浆，选料、放线、切割材料、粘贴、嵌缝、洗石子、摆石子、清理等。　　　　计量单位：m^2

定额编号					EC0143	EC0144	EC0145	EC0146	EC0147	EC0148
项目名称					墙面装饰					
					水洗石景墙面	块料装饰				
						斧劈石自然边	斧劈石机切边	文化石	流水石	沉江石(块形)
费用	综合单价（元）				**102.36**	**129.24**	**144.44**	**141.77**	**187.97**	**115.93**
	其中	人工费（元）			55.38	47.71	56.42	55.12	97.63	62.27
		材料费（元）			39.20	74.83	80.18	78.98	77.04	45.04
		施工机具使用费（元）			0.45	0.38	0.38	0.38	0.38	0.38
		企业管理费（元）			3.92	3.38	3.99	3.90	6.91	4.41
		利润（元）			2.41	2.08	2.45	2.40	4.25	2.71
		一般风险费（元）			1.00	0.86	1.02	0.99	1.76	1.12
	编码	名称	单位	单价(元)	消耗量					
人工	000300120	镶贴综合工	工日	130.00	—	0.367	0.434	0.424	0.751	0.479
	000300110	抹灰综合工	工日	125.00	0.443	—	—	—	—	—
材料	800204010	砼C15(塑、特、碎5～10、坍10～30)	m^3	218.14	0.106	—	—	—	—	—
	810401030	水泥白石子浆 1:2	m^3	775.39	0.016	—	—	—	—	0.010
	810201030	水泥砂浆 1:2（特）	m^3	256.68	—	0.031	0.031	0.021	0.021	0.008
	050303800	木材 锯材	m^3	1547.01	0.002	—	—	—	—	—
	341100100	水	m^3	4.42	0.117	—	—	—	—	0.008
	040502270	冰片石（斧劈石）	m^2	53.40	—	1.250	1.350	—	—	—
	080700010	文化石	m^2	70.00	—	—	—	1.050	—	—
	041100910	流水石	m^2	65.05	—	—	—	—	1.100	—
	040100520	白色硅酸盐水泥	kg	0.75	—	—	—	—	—	0.258
	041100900	沉江石(块状)	m^2	33.98	—	—	—	—	—	1.015
	144107400	建筑胶	kg	1.97	—	—	—	—	—	0.206
	002000010	其他材料费	元	—	0.06	0.12	0.13	0.09	0.09	0.11
机械	990602020	双锥反转出料混凝土搅拌机 350L	台班	226.31	0.002	—	—	—	—	—
	990610010	灰浆搅拌机 200L	台班	187.56	—	0.002	0.002	0.002	0.002	0.002

工作内容：调制砂浆，选料、放线、切割材料、粘贴、嵌缝、清理等。　　　　计量单位：m^2

定额编号					EC0149	EC0150	EC0151
项目名称					墙面装饰		
					块料装饰		
					贴劈裂砖	花岗岩蘑菇石 50mm 厚以内	花岗岩 30mm 厚以内
费用	综合单价（元）				**105.71**	**1218.78**	**203.09**
	其中	人工费（元）			56.94	55.90	58.37
		材料费（元）			40.68	1153.98	136.44
		施工机具使用费（元）			0.56	1.50	0.56
		企业管理费（元）			4.03	3.96	4.13
		利润（元）			2.48	2.43	2.54
		一般风险费（元）			1.02	1.01	1.05
	编码	名称	单位	单价(元)	消耗量		
人工	000300120	镶贴综合工	工日	130.00	0.438	0.430	0.449
材料	082100010	装饰石材	m^2	120.00	—	9.386	1.020
	041301310	贴劈裂砖	m^2	31.07	1.020	—	—
	810201010	水泥砂浆 1:1（特）	m^3	334.13	0.002	—	—
	810201050	水泥砂浆 1:3（特）	m^3	213.87	0.004	0.057	—
	810202120	混合砂浆 1:0.2:2（特）	m^3	270.95	0.013	—	—
	810425010	素水泥浆	m^3	479.39	0.001	—	—
	010100310	钢筋 ϕ 10 以内	kg	2.91	—	2.146	—
	040100520	白色硅酸盐水泥	kg	0.75	—	0.150	—
	031350010	低碳钢焊条 综合	kg	4.19	—	0.015	—
	014100410	铜丝	kg	44.44	—	0.078	—
	810201040	水泥砂浆 1:2.5（特）	m^3	232.40	—	—	0.045
	002000010	其他材料费	元	—	3.46	5.58	3.58
机械	990610010	灰浆搅拌机 200L	台班	187.56	0.003	0.008	0.003

工作内容：调制砂浆，选料、放线、切割材料、粘贴、嵌缝、清理等。 计量单位：m²

		定额编号			EC0152	EC0153	EC0154
项目名称					墙面装饰		
					块料装饰		
					花岗石乱拼自然边	花岗石乱拼机切边	青石板30mm厚以内
费用		综合单价（元）			**145.24**	**152.30**	**193.25**
	其中	人工费（元）			65.91	72.15	56.29
		材料费（元）			67.41	67.41	128.95
		施工机具使用费（元）			3.19	3.19	0.56
		企业管理费（元）			4.67	5.11	3.99
		利润（元）			2.87	3.14	2.45
		一般风险费（元）			1.19	1.30	1.01
	编码	名称	单位	单价（元）	消耗量		
人工	000300120	镶贴综合工	工日	130.00	0.507	0.555	0.433
材料	082100010	装饰石材	m²	120.00	—	—	1.020
	080300900	碎花岗岩	m²	51.28	1.150	1.150	—
	810201040	水泥砂浆 1:2.5（特）	m³	232.40	—	—	0.026
	810201030	水泥砂浆 1:2（特）	m³	256.68	0.021	0.021	—
	002000010	其他材料费	元	—	3.05	3.05	0.51
机械	990610010	灰浆搅拌机 200L	台班	187.56	0.017	0.017	0.003

工作内容：调制砂浆，选料、放线、切割材料、粘贴、钻孔、石材安装、嵌缝、勾缝打胶、清理等。 计量单位：m²

		定额编号			EC0155
项目名称					墙面装饰
					块料装饰
					贴瓷砖
费用		综合单价（元）			**154.35**
	其中	人工费（元）			54.34
		材料费（元）			92.26
		施工机具使用费（元）			0.56
		企业管理费（元）			3.85
		利润（元）			2.36
		一般风险费（元）			0.98
	编码	名称	单位	单价（元）	消耗量
人工	000300120	镶贴综合工	工日	130.00	0.418
材料	040100120	普通硅酸盐水泥 P.O 32.5	kg	0.30	8.785
	040300760	特细砂	t	63.11	0.024
	040902030	白灰	kg	0.25	1.201
	070100910	瓷砖	m²	85.47	1.020
	002000010	其他材料费	元	—	0.63
机械	990610010	灰浆搅拌机 200L	台班	187.56	0.003

C.7.10.2 **柱面装饰**

工作内容:调制砂浆,选料、放线、切割材料、粘贴、嵌缝、清理等。　　**计量单位**:m²

定额编号					EC0156	EC0157	EC0158
项目名称					柱、梁面装饰		
					抹水泥砂浆		涂料装饰
					砖柱、梁面	混凝土柱、梁面	喷仿石涂料
费用	综合单价(元)				**29.82**	**33.06**	**123.42**
	其中	人工费(元)			15.13	16.13	36.00
		材料费(元)			5.75	6.73	82.65
		施工机具使用费(元)			6.94	8.07	—
		企业管理费(元)			1.07	1.14	2.55
		利润(元)			0.66	0.70	1.57
		一般风险费(元)			0.27	0.29	0.65
	编码	名称	单位	单价(元)	消耗量		
人工	000300110	抹灰综合工	工日	125.00	0.121	0.129	0.288
材料	130307870	水性封底漆(普通)	kg	15.38	—	—	0.125
	130106000	水性中间(层)涂料	kg	25.64	—	—	0.250
	130105310	油性透明漆	kg	7.09	—	—	0.250
	130307820	仿石涂料	kg	14.74	—	—	4.160
	130501510	聚氨酯防水涂料	kg	10.09	—	—	1.010
	143509000	二甲苯稀释剂	kg	6.32	—	—	0.058
	810201050	水泥砂浆 1:3(特)	m³	213.87	0.016	0.016	—
	810201040	水泥砂浆 1:2.5(特)	m³	232.40	0.007	0.011	—
	810425010	素水泥浆	m³	479.39	0.001	—	—
	810424010	水泥建筑胶浆 1:0.1:0.2	m³	530.19	—	0.001	—
	002000010	其他材料费	元	—	0.22	0.22	0.67
机械	990610010	灰浆搅拌机 200L	台班	187.56	0.037	0.043	—

工作内容:调制砂浆,选料、放线、切割材料、粘贴、嵌缝、清理等。　　**计量单位**:m²

定额编号					EC0159	EC0160
项目名称					柱、梁面装饰	
					块料装饰	
					贴劈裂砖	贴花岗岩蘑菇石 50mm 厚
费用	综合单价(元)				**112.10**	**224.44**
	其中	人工费(元)			62.40	61.23
		材料费(元)			40.89	153.61
		施工机具使用费(元)			0.56	1.50
		企业管理费(元)			4.42	4.34
		利润(元)			2.71	2.66
		一般风险费(元)			1.12	1.10
	编码	名称	单位	单价(元)	消耗量	
人工	000300120	镶贴综合工	工日	130.00	0.480	0.471
材料	082100010	装饰石材	m²	120.00	—	1.050
	041301310	贴劈裂砖	m²	31.07	1.020	—
	810201010	水泥砂浆 1:1(特)	m³	334.13	0.002	—
	810201050	水泥砂浆 1:3(特)	m³	213.87	0.005	0.059
	810202120	混合砂浆 1:0.2:2(特)	m³	270.95	0.013	—
	810425010	素水泥浆	m³	479.39	0.001	0.001
	010100310	钢筋 ϕ 10 以内	kg	2.91	—	2.146
	040100520	白色硅酸盐水泥	kg	0.75	—	0.190
	031350010	低碳钢焊条 综合	kg	4.19	—	0.013
	014100410	铜丝	kg	44.44	—	0.078
	002000010	其他材料费	元	—	3.46	4.60
机械	990610010	灰浆搅拌机 200L	台班	187.56	0.003	0.008

工作内容：调制砂浆，选料、放线、切割材料、粘贴、嵌缝、清理等。

计量单位：m²

定额编号					EC0161	EC0162	EC0163
项目名称					柱、梁面装饰		
					块料装饰		
					贴花岗岩 30mm 厚	贴青石板 30mm 厚	贴瓷砖
费用	综合单价（元）				**224.88**	**211.66**	**162.93**
	其中	人工费（元）			73.19	61.88	60.97
		材料费（元）			141.45	141.04	93.14
		施工机具使用费（元）			0.56	0.56	0.75
		企业管理费（元）			5.18	4.38	4.32
		利润（元）			3.18	2.69	2.65
		一般风险费（元）			1.32	1.11	1.10
	编码	名称	单位	单价(元)	消耗量		
人工	000300120	镶贴综合工	工日	130.00	0.563	0.476	0.469
材料	070100910	瓷砖	m²	85.47	—	—	1.050
	082100010	装饰石材	m²	120.00	1.050	1.050	—
	810201040	水泥砂浆 1∶2.5（特）	m³	232.40	0.050	0.050	—
	040100120	普通硅酸盐水泥 P.O 32.5	kg	0.30	—	9.087	—
	040300760	特细砂	t	63.11	—	—	0.026
	040902030	白灰	kg	0.25	—	—	1.392
	002000010	其他材料费	元	—	3.83	0.69	1.41
机械	990610010	灰浆搅拌机 200L	台班	187.56	0.003	0.003	0.004

C.7.11 景窗（编码：050307011）

工作内容：制作、安装及绑扎钢筋、制作及浇捣混凝土、砂浆抹平、拆除模板、构件养护、面层磨光、打蜡及安装清理。

计量单位：10m

定额编号					EC0164	EC0165	EC0166	EC0167
项目名称					白色水磨石景窗			
					断面(mm)			
					400×30 现场抹灰	300×30 现场抹灰	320×30 预制	320×30 安装
费用	综合单价（元）				**4522.64**	**4498.49**	**4792.40**	**206.40**
	其中	人工费（元）			3901.92	3901.92	4096.68	124.68
		材料费（元）			104.50	80.35	153.73	65.23
		施工机具使用费（元）			—	—	—	—
		企业管理费（元）			276.26	276.26	290.04	8.83
		利润（元）			169.73	169.73	178.21	5.42
		一般风险费（元）			70.23	70.23	73.74	2.24
	编码	名称	单位	单价(元)	消耗量			
人工	000900010	园林综合工	工日	120.00	32.516	32.516	34.139	1.039
材料	810201040	水泥砂浆 1∶2.5（特）	m³	232.40	0.084	0.063	0.064	0.074
	810403010	白水泥白石子浆 1∶2	m³	1091.41	0.042	0.032	0.096	—
	040100520	白色硅酸盐水泥	kg	0.75	12.000	9.000	9.000	—
	031395430	金刚石三角	块	6.84	0.640	0.510	0.510	—
	143100500	草酸	kg	3.42	1.500	1.200	1.200	—
	140900720	硬白蜡	kg	4.27	0.500	0.400	0.400	—
	140900410	松黄油	kg	6.15	1.500	1.200	1.200	—
	340900110	白回丝	m²	13.25	0.200	0.160	0.160	—
	016100800	锡纸	kg	84.31	0.030	0.020	0.020	—
	010100300	钢筋 ϕ 10 以内	t	2905.98	—	—	—	0.016
	010302020	镀锌铁丝 22#	kg	3.08	—	—	—	0.500
	002000010	其他材料费	元	—	4.09	3.55	6.84	—

C.7.12　花饰(编码:050307012)

工作内容:选运布瓦,灰浆拌和、运输,摆砌布瓦、清理、养护等。　　**计量单位**:m^2

定额编号					EC0168	EC0169
项目名称					摆砌花饰	
					混凝土	花瓦什锦窗
费用	综合单价(元)				**194.06**	**783.16**
	其中	人工费(元)			85.92	319.20
		材料费(元)			96.58	419.47
		施工机具使用费(元)			0.19	2.25
		企业管理费(元)			6.08	22.60
		利润(元)			3.74	13.89
		一般风险费(元)			1.55	5.75
	编码	名称	单位	单价(元)	消耗量	
人工	000900010	园林综合工	工日	120.00	0.716	2.660
材料	042902360	预制混凝土花饰	m^2	94.02	0.980	—
	810201010	水泥砂浆 1:1(特)	m^3	334.13	0.007	—
	810105010	M5.0 混合砂浆	m^3	174.96	—	0.024
	810202110	混合砂浆 1:1:4(特)	m^3	225.72	—	0.113
	810202070	混合砂浆 1:0.3:3(特)	m^3	247.08	—	0.056
	041300010	标准砖 240×115×53	千块	422.33	—	0.063
	810416010	纸筋石灰膏浆	m^3	257.17	—	0.004
	041700510	小青瓦	千疋	529.91	—	0.650
	341100100	水	m^3	4.42	—	0.113
	002000010	其他材料费	元	—	2.10	3.35
机械	990610010	灰浆搅拌机 200L	台班	187.56	0.001	0.012

工作内容:制作、安装、拆除模板、制作及绑扎钢筋、浇捣混凝土、砂浆抹平、构件养护、面层磨光、打蜡及安装清理。

计量单位:$10m^2$

定额编号					EC0170	EC0171	EC0172	EC0173
项目名称					水磨木纹板(白水泥)		木纹板(普通水泥)	
					制作	安装	制作	安装
费用	综合单价(元)				**5008.36**	**616.39**	**1510.09**	**288.92**
	其中	人工费(元)			4291.08	494.88	1182.96	205.68
		材料费(元)			145.63	53.59	165.75	53.59
		施工机具使用费(元)			3.94	2.44	4.88	2.44
		企业管理费(元)			303.81	35.04	83.75	14.56
		利润(元)			186.66	21.53	51.46	8.95
		一般风险费(元)			77.24	8.91	21.29	3.70
	编码	名称	单位	单价(元)	消耗量			
人工	000900010	园林综合工	工日	120.00	35.759	4.124	9.858	1.714
材料	010100310	钢筋 ϕ 10 以内	kg	2.91	20.000	—	20.000	—
	810201010	水泥砂浆 1:1(特)	m^3	334.13	0.260	0.160	0.320	0.160
	002000010	其他材料费	元	—	0.56	0.13	0.63	0.13
机械	990610010	灰浆搅拌机 200L	台班	187.56	0.021	0.013	0.026	0.013

工作内容：制作、安装、拆除模板、制作及绑扎钢筋、浇捣混凝土、砂浆抹平、构件养护、面层磨光、打蜡及安装清理。

计量单位：10m

		定额编号			EC0174	EC0175	EC0176	EC0177
		项目名称			白色水磨石花檐		白色水磨石角花	
					断面(mm)			
					30×30 预制	30×30 安装	50×25 预制	50×25 安装
费用		综合单价（元）			**1275.57**	**112.41**	**1236.97**	**112.41**
	其中	人工费（元）			1104.72	98.52	1044.48	98.52
		材料费（元）			24.70	0.85	54.31	0.85
		施工机具使用费（元）			—	—	—	—
		企业管理费（元）			78.21	6.98	73.95	6.98
		利润（元）			48.06	4.29	45.43	4.29
		一般风险费（元）			19.88	1.77	18.80	1.77
	编码	名称	单位	单价(元)	消耗量			
人工	000900010	园林综合工	工日	120.00	9.206	0.821	8.704	0.821
材料	050303800	木材 锯材	m^3	1547.01	0.004	—	0.003	—
	010304010	冷拔低碳钢丝 φ4	t	2560.00	0.001	—	0.001	—
	031350010	低碳钢焊条 综合	kg	4.19	0.350	0.200	0.410	0.200
	810201030	水泥砂浆 1:2（特）	m^3	256.68	0.010	—	0.130	—
	810402020	彩色石子浆 1:1.5	m^3	1183.19	0.010	—	0.010	—
	002000010	其他材料费	元	—	0.09	0.01	0.19	0.01

C.7.13 博古架(编码:050307013)

工作内容：制作、安装、拆除模板、制作及绑扎钢筋、浇捣混凝土、砂浆抹平、构件养护、面层磨光、打蜡及安装清理。

计量单位：10m

		定额编号			EC0178	EC0179
		项目名称			白色水磨石博古架	
					断面(mm)	
					300×25 预制	300×25 安装
费用		综合单价（元）			**1414.50**	**258.34**
	其中	人工费（元）			1100.90	228.16
		材料费（元）			167.95	—
		施工机具使用费（元）			—	—
		企业管理费（元）			77.94	16.15
		利润（元）			47.89	9.92
		一般风险费（元）			19.82	4.11
	编码	名称	单位	单价(元)	消耗量	
人工	000300080	混凝土综合工	工日	115.00	9.573	1.984
材料	050303800	木材 锯材	m^3	1547.01	0.081	—
	010304010	冷拔低碳钢丝 φ4	t	2560.00	0.004	—
	031350010	低碳钢焊条 综合	kg	4.19	0.500	—
	810201030	水泥砂浆 1:2（特）	m^3	256.68	0.070	—
	810402020	彩色石子浆 1:1.5	m^3	1183.19	0.010	—
	002000010	其他材料费	元	—	0.51	—

C.7.14 花盆(坛、箱)(编码:050307014)

工作内容:挖基坑、铺碎石垫层、混凝土基础浇捣、调运砂浆、石花盆场内运输、安装、校正。　　计量单位:10个

		定额编号			EC0180	EC0181	EC0182	EC0183
		项目名称			石质花盆安装		带脚石质花盆安装	
					直径(mm以内)			
					900	1200	900	1200
费用		综合单价(元)			**11422.44**	**17055.60**	**14479.93**	**19479.06**
	其中	人工费(元)			910.44	1308.00	1323.24	1905.36
		材料费(元)			10385.54	15566.28	12973.54	17310.03
		施工机具使用费(元)			6.01	8.27	8.08	11.59
		企业管理费(元)			64.46	92.61	93.69	134.90
		利润(元)			39.60	56.90	57.56	82.88
		一般风险费(元)			16.39	23.54	23.82	34.30
	编码	名称	单位	单价(元)	消耗量			
人工	000900010	园林综合工	工日	120.00	7.587	10.900	11.027	15.878
材料	081701500	石质花盆 ϕ900以内	个	1025.64	10.000	—	—	—
	081701510	石质花盆 ϕ1200以内	个	1538.46	—	10.000	—	—
	081701520	带脚石质花盆 ϕ900以内	个	1282.05	—	—	10.000	—
	081701530	带脚石质花盆 ϕ1200以内	个	1709.40	—	—	—	10.000
	040500400	碎石 40	m^3	101.94	0.540	0.735	0.540	0.735
	800204010	砼 C15(塑、特、碎5～10、坍10～30)	m^3	218.14	0.250	0.360	0.300	0.432
	810201030	水泥砂浆 1:2(特)	m^3	256.68	0.075	0.108	0.125	0.180
	341100100	水	m^3	4.42	0.070	0.113	0.105	0.151
机械	990610010	灰浆搅拌机 200L	台班	187.56	0.012	0.016	0.019	0.027
	990602030	双锥反转出料混凝土搅拌机 500L	台班	250.94	0.015	0.021	0.018	0.026

C.7.15 摆花(编码:050307015)

工作内容:下车、摆放、整理。　　计量单位:100盆

		定额编号			EC0184	EC0185
		项目名称			摆花	
					盆装5寸内	盆装7寸内
费用		综合单价(元)			**22.58**	**37.54**
	其中	人工费(元)			18.00	31.20
		材料费(元)			2.21	2.21
		施工机具使用费(元)			—	—
		企业管理费(元)			1.27	2.21
		利润(元)			0.78	1.36
		一般风险费(元)			0.32	0.56
	编码	名称	单位	单价(元)	消耗量	
人工	000900020	绿化综合工	工日	120.00	0.150	0.260
材料	321301520	盆装花苗 5寸内	盆	—	(102.000)	—
	321301530	盆装花苗 7寸内	盆	—	—	(102.000)
	341100100	水	m^3	4.42	0.500	0.500

C.7.16 花池(编码:050307016)

C.7.16.1 混凝土压顶

工作内容:1.混凝土搅拌、运输、浇捣、养护。
2.模板制作、安装、刷油、拆除、整理、堆放、场内外运输等。
3.调运砂浆、铺砂浆、安砌。

定额编号						EC0186	EC0187	EC0188
项目名称						花池压顶		
						现浇混凝土	混凝土模板	混凝土预制块
单位						m^3	m^2	m^3
费用	综合单价(元)					**427.46**	**883.21**	**620.47**
	其中	人工费(元)				130.53	507.96	99.94
		材料费(元)				279.66	308.05	502.99
		施工机具使用费(元)				—	—	4.31
		企业管理费(元)				9.24	35.96	7.08
		利润(元)				5.68	22.10	4.35
		一般风险费(元)				2.35	9.14	1.80
	编码	名称	单位	单价(元)		消耗量		
人工	000300080	混凝土综合工	工日	115.00		1.135	—	—
	000300060	模板综合工	工日	120.00		—	4.233	—
	000300100	砌筑综合工	工日	115.00		—	—	0.869
材料	840201140	商品砼	m^3	266.99		1.025	—	—
	041503300	混凝土预制块 综合	m^3	480.00		—	—	1.000
	810104010	M5.0 水泥砂浆(特 稠度 70~90mm)	m^3	182.83		—	—	0.081
	050303800	木材 锯材	m^3	1547.01		—	0.124	—
	350100011	复合模板	m^2	23.93		—	3.982	—
	341100100	水	m^3	4.42		—	—	0.090
	030100650	铁钉	kg	7.26		—	0.150	—
	143502500	隔离剂	kg	0.94		—	1.300	—
	144302000	塑料胶布带 20mm×50m	卷	26.00		—	0.520	—
	032130010	铁件 综合	kg	3.68		—	1.036	—
	002000010	其他材料费	元	—		6.00	1.29	7.78
机械	990610010	灰浆搅拌机 200L	台班	187.56		—	—	0.023

C.7.16.2　石材压顶

工作内容：砂浆拌和、运输、清理、找平、选料、加工、铺装等。　　计量单位：m^2

定额编号					EC0189	EC0190	EC0191	EC0192
项目名称					直形石材压顶		异形石材压顶	
					石材厚度(mm 以内)			
					50	100	50	100
费用	综合单价(元)				**203.05**	**218.09**	**221.80**	**235.23**
	其中	人工费(元)			55.38	63.83	68.64	75.53
		材料费(元)			138.65	144.12	142.38	148.01
		施工机具使用费(元)			1.69	1.69	1.69	1.69
		企业管理费(元)			3.92	4.52	4.86	5.35
		利润(元)			2.41	2.78	2.99	3.29
		一般风险费(元)			1.00	1.15	1.24	1.36
	编码	名称	单位	单价(元)	消耗量			
人工	000300120	镶贴综合工	工日	130.00	0.426	0.491	0.528	0.581
材料	082100010	装饰石材	m^2	120.00	1.010	1.010	1.040	1.040
	810201030	水泥砂浆 1:2(特)	m^3	256.68	0.050	0.050	0.050	0.050
	002000010	其他材料费	元	—	4.62	10.09	4.75	10.38
机械	990610010	灰浆搅拌机 200L	台班	187.56	0.009	0.009	0.009	0.009

C.7.17　垃圾箱(编码:050307017)

工作内容：垃圾箱场内运输、安装、校正。　　计量单位：10 个

定额编号					EC0193
项目名称					垃圾箱安装(成品)
费用	综合单价(元)				**877.00**
	其中	人工费(元)			93.00
		材料费(元)			771.70
		施工机具使用费(元)			—
		企业管理费(元)			6.58
		利润(元)			4.05
		一般风险费(元)			1.67
	编码	名称	单位	单价(元)	消耗量
人工	000900010	园林综合工	工日	120.00	0.775
材料	340700410	垃圾箱 成品	个	70.09	10.000
	030111559	地脚螺栓 M10×100	套	1.77	40.000

C.7.18 砖石砌小摆设(编码:050307018)

工作内容:1.调运、铺砂浆、砌砖。
2.清理、湿润基层,墙眼堵塞,调制砂浆。
3.分层抹灰找平、洒水湿润、罩面压光。

		定额编号			EC0194	EC0195
		项目名称			砖砌园林小摆设	砖砌园林小摆设抹面
		单位			m^3	$10m^2$
费用		**综合单价(元)**			**671.45**	**672.71**
	其中	人工费(元)			351.10	522.50
		材料费(元)			270.15	76.77
		施工机具使用费(元)			3.75	4.31
		企业管理费(元)			24.86	36.99
		利润(元)			15.27	22.73
		一般风险费(元)			6.32	9.41
	编码	名称	单位	单价(元)	消耗量	
人工	000300100	砌筑综合工	工日	115.00	3.053	—
	000300110	抹灰综合工	工日	125.00	—	4.180
材料	041300010	标准砖 240×115×53	千块	422.33	0.530	—
	810104010	M5.0 水泥砂浆(特 稠度 70~90mm)	m^3	182.83	0.250	—
	810201010	水泥砂浆 1:1(特)	m^3	334.13	—	0.060
	810201030	水泥砂浆 1:2(特)	m^3	256.68	—	0.220
	002000010	其他材料费	元	—	0.61	0.25
机械	990610010	灰浆搅拌机 200L	台班	187.56	0.020	0.023

C.7.19 其他景观小摆设(编码:050307019)

C.7.19.1 塑水泥藤条

工作内容:钢筋制作、绑扎、绕铁丝、调制砂浆、巴坯、缠麻塑底、调色塑面等全部工作。　　**计量单位**:10m

		定额编号			EC0196	EC0197	EC0198	EC0199
		项目名称			塑水泥藤条			
					直径(mm 以内)			
					60	80	100	160
费用		**综合单价(元)**			**714.74**	**947.22**	**1199.18**	**2222.22**
	其中	人工费(元)			585.00	770.16	962.40	1706.64
		材料费(元)			52.34	75.17	109.46	289.79
		施工机具使用费(元)			—	—	—	—
		企业管理费(元)			41.42	54.53	68.14	120.83
		利润(元)			25.45	33.50	41.86	74.24
		一般风险费(元)			10.53	13.86	17.32	30.72
	编码	名称	单位	单价(元)	消耗量			
人工	000900010	园林综合工	工日	120.00	4.875	6.418	8.020	14.222
材料	810201030	水泥砂浆 1:2(特)	m^3	256.68	0.013	0.020	0.028	0.095
	810202020	混合砂浆 1:0.5:1(特)	m^3	297.84	0.019	0.038	0.063	0.123
	810425010	素水泥浆	m^3	479.39	0.006	0.008	0.009	0.015
	810425020	素水泥浆白水泥	m^3	494.78	0.004	0.005	0.006	0.010
	010100300	钢筋 ϕ 10 以内	t	2905.98	0.009	0.012	0.018	0.059
	010302220	镀锌铁丝 16#~18#	kg	3.08	1.010	1.230	1.510	2.760
	142301000	色粉	kg	3.93	0.590	0.790	0.980	1.570
	311700140	精梳麻	kg	3.62	0.600	1.200	1.990	3.880
	144100400	801 胶	kg	5.18	0.620	0.780	0.940	1.560
	002000010	其他材料费	元	—	1.52	2.26	3.34	8.38

C.7.19.2 塑鲤鱼

工作内容:运料、调制砂浆、扎钢龙骨、缠麻布丝、巴坯塑面、清理养护等全部工作。　　　　**计量单位:**条

定额编号					EC0200	EC0201	EC0202	EC0203	EC0204
项目名称					塑鲤鱼				
					长度(mm 以内)				
					600	800	1000	1200	1500
费用	综合单价(元)				**563.88**	**840.92**	**1109.43**	**1488.14**	**2192.61**
费用	其中	人工费(元)			446.04	662.64	874.44	1175.04	1730.16
费用	其中	材料费(元)			58.83	90.62	119.30	157.65	233.55
费用	其中	施工机具使用费(元)			—	—	—	—	—
费用	其中	企业管理费(元)			31.58	46.91	61.91	83.19	122.50
费用	其中	利润(元)			19.40	28.82	38.04	51.11	75.26
费用	其中	一般风险费(元)			8.03	11.93	15.74	21.15	31.14
	编码	名称	单位	单价(元)	消耗量				
人工	000900010	园林综合工	工日	120.00	3.717	5.522	7.287	9.792	14.418
材料	810201030	水泥砂浆 1:2(特)	m^3	256.68	0.007	0.010	0.014	0.019	0.027
材料	810411010	加麻刀混合砂浆 1:1:6	m^3	213.42	0.014	0.021	0.027	0.037	0.054
材料	810425010	素水泥浆	m^3	479.39	0.001	0.002	0.002	0.003	0.004
材料	810425020	素水泥浆白水泥	m^3	494.78	0.003	0.004	0.006	0.007	0.011
材料	010100300	钢筋 ϕ 10 以内	t	2905.98	0.008	0.013	0.017	0.022	0.033
材料	010302120	镀锌铁丝 $8^{\#}$	kg	3.08	1.050	1.560	2.060	2.770	4.070
材料	032100900	钢丝网 综合	m^2	2.56	0.670	1.000	1.320	1.770	2.610
材料	311700140	精梳麻	kg	3.62	1.050	1.560	2.060	2.770	4.070
材料	144100400	801 胶	kg	5.18	1.050	1.560	2.060	2.770	4.070
材料	002000010	其他材料费	元	—	14.64	21.76	28.76	38.60	56.80

C.7.19.3 塑仙鹤

工作内容:运料、调制砂浆、扎钢龙骨、缠麻布丝、巴坯塑面、清理养护等全部工作。　　　　**计量单位:**只

定额编号					EC0205	EC0206	EC0207	EC0208	EC0209	EC0210
项目名称					塑仙鹤					
					高(m 以内)					
					0.5	0.7	0.9	1.1	1.3	1.5
费用	综合单价(元)				**448.47**	**673.05**	**901.54**	**1120.63**	**1317.09**	**1505.89**
费用	其中	人工费(元)			369.36	554.40	745.80	926.16	1087.68	1242.00
费用	其中	材料费(元)			30.24	45.30	57.08	71.94	85.51	99.57
费用	其中	施工机具使用费(元)			—	—	—	—	—	—
费用	其中	企业管理费(元)			26.15	39.25	52.80	65.57	77.01	87.93
费用	其中	利润(元)			16.07	24.12	32.44	40.29	47.31	54.03
费用	其中	一般风险费(元)			6.65	9.98	13.42	16.67	19.58	22.36
	编码	名称	单位	单价(元)	消耗量					
人工	000900010	园林综合工	工日	120.00	3.078	4.620	6.215	7.718	9.064	10.350
材料	810201030	水泥砂浆 1:2(特)	m^3	256.68	0.003	0.005	0.006	0.008	0.009	0.011
材料	810411010	加麻刀混合砂浆 1:1:6	m^3	213.42	0.008	0.012	0.016	0.020	0.023	0.027
材料	810425010	素水泥浆	m^3	479.39	0.001	0.001	0.001	0.002	0.002	0.002
材料	810425020	素水泥浆白水泥	m^3	494.78	0.002	0.003	0.003	0.004	0.005	0.006
材料	010100300	钢筋 ϕ 10 以内	t	2905.98	0.002	0.003	0.003	0.004	0.005	0.006
材料	010302120	镀锌铁丝 $8^{\#}$	kg	3.08	0.750	1.130	1.520	1.870	2.210	2.550
材料	032100900	钢丝网 综合	m^2	2.56	0.300	0.450	0.610	0.750	0.880	1.020
材料	311700140	精梳麻	kg	3.62	0.750	1.130	1.520	1.870	2.210	2.550
材料	144100400	801 胶	kg	5.18	0.750	1.130	1.520	1.870	2.210	2.550
材料	002000010	其他材料费	元	—	10.80	16.20	21.82	26.92	31.82	36.72

C.7.19.4 塑龙

工作内容：放样、原料、调制灰浆、焊制钢骨架、扎钢筋笼、布铁丝网、巴底、塑面、清理养护。 计量单位：条

定额编号					EC0211	EC0212	EC0213	EC0214	EC0215
项目名称					塑龙				
					龙身围径(mm 以内)				
					350	500	750	1100	1600
费用	综合单价(元)				**1677.01**	**2779.57**	**5243.41**	**11827.11**	**16748.06**
	其中	人工费(元)			1380.24	2249.64	4163.28	9347.88	12177.84
		材料费(元)			114.17	232.31	529.33	1242.51	2959.09
		施工机具使用费(元)			—	—	—	—	—
		企业管理费(元)			97.72	159.27	294.76	661.83	862.19
		利润(元)			60.04	97.86	181.10	406.63	529.74
		一般风险费(元)			24.84	40.49	74.94	168.26	219.20
	编码	名称	单位	单价(元)	消耗量				
人工	000900010	园林综合工	工日	120.00	11.502	18.747	34.694	77.899	101.482
材料	810202020	混合砂浆 1:0.5:1(特)	m^3	297.84	0.020	0.048	0.133	0.405	1.386
	810411010	加麻刀混合砂浆 1:1:6	m^3	213.42	0.010	0.031	0.071	0.203	0.463
	810425010	素水泥浆	m^3	479.39	0.003	0.008	0.017	0.040	0.091
	810425020	素水泥浆白水泥	m^3	494.78	0.010	0.020	0.044	0.100	0.227
	010000010	型钢 综合	kg	3.09	0.014	0.060	0.120	0.248	0.579
	010100300	钢筋 ϕ 10 以内	t	2905.98	0.014	0.023	0.049	0.113	0.253
	010302020	镀锌铁丝 22#	kg	3.08	0.200	0.400	0.890	2.020	4.600
	032100900	钢丝网 综合	m^2	2.56	2.680	5.250	11.800	24.940	56.810
	031350010	低碳钢焊条 综合	kg	4.19	0.500	2.090	4.180	8.640	20.210
	050303800	木材 锯材	m^3	1547.01	0.006	0.012	0.027	0.062	0.141
	144100400	801 胶	kg	5.18	5.880	11.550	25.960	59.430	135.400
	311700140	精梳麻	kg	3.62	0.590	1.150	2.600	5.940	13.530
	030100650	铁钉	kg	7.26	—	0.800	3.530	8.070	18.400
	341100100	水	m^3	4.42	0.140	0.270	0.610	1.390	3.160
	002000010	其他材料费	元	—	6.90	17.66	37.44	84.50	194.22

C.7.20 柔性水池(编码:050307020)

C.7.20.1 柔性水池

工作内容：清理基层、裁接膨润土防水毯、黏结剂铺贴卷材。 计量单位：10m²

定额编号					EC0216	EC0217
项目名称					柔性水池	
					膨润土复合防水层	三元乙丙防水层
费用	综合单价(元)				**314.15**	**633.00**
	其中	人工费(元)			87.17	36.57
		材料费(元)			215.45	591.59
		施工机具使用费(元)			—	—
		企业管理费(元)			6.17	2.59
		利润(元)			3.79	1.59
		一般风险费(元)			1.57	0.66
	编码	名称	单位	单价(元)	消耗量	
人工	000300130	防水综合工	工日	115.00	0.758	0.318
材料	133302500	膨润土防水毯 厚 5mm	m^2	16.24	13.260	—
	040900420	膨润土 200 目	kg	0.09	1.200	—
	133301510	三元乙丙丁基橡胶卷材	m^2	30.77	—	11.970
	133301520	三元乙丙卷材搭接带	m	11.09	—	11.740
	144107900	三元乙丙黏结剂	kg	15.23	—	5.980
	002000010	其他材料费	元	—	—	2.00

工作内容：洗石子、摆石子、灌浆、清水冲刷等。

计量单位：m^3

定额编号					EC0218	EC0219
项目名称					池底铺卵石	
					座浆	干铺
费用	综合单价（元）				**215.15**	**175.76**
	其中	人工费（元）			78.48	55.44
		材料费（元）			124.60	112.98
		施工机具使用费（元）			1.69	—
		企业管理费（元）			5.56	3.93
		利润（元）			3.41	2.41
		一般风险费（元）			1.41	1.00
	编码	名称	单位	单价（元）	消耗量	
人工	000900010	园林综合工	工日	120.00	0.654	0.462
材料	040501120	卵石 20～200	m^3	108.80	1.020	1.020
	810201040	水泥砂浆 1:2.5（特）	m^3	232.40	0.050	—
	002000010	其他材料费	元	—	2.00	2.00
机械	990610010	灰浆搅拌机 200L	台班	187.56	0.009	—

D　措施项目

说　明

一、脚手架工程

脚手架工程(编码:050401)未编制。

二、模板工程

在园路园桥、花架章节中已编制相关模板定额子目,本章未编制模板定额。

三、树木支撑、草绳绕树干、搭设遮阴(防寒)棚工程

1.树木栽植,设计要求或批准的施工组织设计(方案)需使用支撑的,按树木支撑相应定额子目执行。树木支撑材料不同时,材料可作调整,其他不变。

2.树木栽植,因季节、气候原因,设计要求或批准的施工组织设计(方案)需草绳绕树干的,按草绳绕树干相应定额子目执行。

3.遮阳棚搭设按单层遮阳网搭设考虑,若双层搭设,遮阳网材料据实调整,定额人工乘以系数 1.2。

4.苗木防寒防冻所用塑料薄膜材料均按单层覆盖,若实际采用不同时,塑料薄膜材料用量可以调整,其他不变。

5.树木刷白高度为综合考虑,实际刷白高度不同时不作调整。丛生状的大型苗木,胸径大小按主枝胸径与所有侧枝胸径一半的和计算。

6.本章树木支撑草绳绕树干缺项的按《重庆市绿色建筑工程计价定额》相应定额子目执行。

四、围堰、排水工程

1.土围堰高度在 1m 以上 2m 以内时,定额人工乘以系数 2.5,高度在 2m 以上时,按实计算。

2.打木桩钎(梅花桩)按人工陆地打桩、桩长 1.5m 以内的木桩编制,如人工在水中打木桩钎时,定额人工乘以系数 1.8。

工程量计算规则

一、树木支撑、草绳绕树干、搭设遮阴(防寒)棚工程

1.预制混凝土支撑,按设计图示数量计算。

2.钢管支撑,按设计图示尺寸以质量计算。

3.草绳绕树干,区分胸径按绕缠树干高度计算。

4.无支撑式遮阳网,单体树木按设计图示数量计算,成片灌木、地被植物、绿篱按设计图示尺寸以遮盖面积计算。

5.支撑式遮阳网,按设计图示尺寸以面积计算。

6.乔灌木防寒防冻,按设计图示数量计算。

7.树干刷白,按设计图示数量计算。

8.树体保湿、输养,按设计图示数量计算,一个营养瓶加一套管线为一组。

二、围堰工程

1.土围堰按围堰堤顶中心线长度以延长米计算。

2.草袋围堰按围堰断面面积乘以堤顶中心线长度以体积计算。

3.木桩钎(梅花桩)按设计图示数量计算,每组五根,余数不足五根者按一组计算。

4.围堰排水,按堰内河道、池塘水面面积乘以平均水深以体积计算。

D.1 树木支撑架、草绳绕树干、搭设遮阴(防寒)棚工程(编码:050403)

D.1.1 树木支撑架(编码:050403001)

工作内容:制桩、运桩、打桩、绑扎。

定额编号					ED0001	ED0002	ED0003
项目名称					预制混凝土桩		焊接钢管支撑
					长单桩	二脚桩	
单位					株		t
费用	综合单价(元)				**124.98**	**167.34**	**3731.00**
	其中	人工费(元)			11.88	9.84	579.36
		材料费(元)			111.85	156.47	3090.87
		施工机具使用费(元)			—	—	—
		企业管理费(元)			0.67	0.55	32.50
		利润(元)			0.37	0.30	17.84
		一般风险费(元)			0.21	0.18	10.43
	编码	名称	单位	单价(元)	消耗量		
人工	000900020	绿化综合工	工日	120.00	0.099	0.082	4.828
材料	042703800	预制混凝土桩 2200×100×100	根	108.55	1.000	—	—
	042703710	预制混凝土桩 150×80×80	根	75.21	—	2.000	—
	010302120	镀锌铁丝 8#	kg	3.08	0.600	1.350	—
	170100800	钢管	t	3085.00	—	—	1.000
	032134817	固定铁件	kg	4.06	—	—	0.831
	002000010	其他材料费	元	—	1.45	1.89	2.50

D.1.2 草绳绕树干(编码:050403002)

工作内容:搬运、绕干、余料清理。

计量单位:m

定额编号					ED0004	ED0005	ED0006	ED0007	ED0008	ED0009
项目名称					草绳绕树干					
					胸径(mm以内)					
					200	250	300	350	400	450
费用	综合单价(元)				**10.89**	**13.84**	**16.79**	**18.29**	**20.98**	**23.80**
	其中	人工费(元)			5.40	6.96	8.52	8.76	10.08	11.52
		材料费(元)			4.92	6.15	7.38	8.61	9.84	11.07
		施工机具使用费(元)			—	—	—	—	—	—
		企业管理费(元)			0.30	0.39	0.48	0.49	0.57	0.65
		利润(元)			0.17	0.21	0.26	0.27	0.31	0.35
		一般风险费(元)			0.10	0.13	0.15	0.16	0.18	0.21
	编码	名称	单位	单价(元)	消耗量					
人工	000900020	绿化综合工	工日	120.00	0.045	0.058	0.071	0.073	0.084	0.096
材料	023300300	草绳	kg	1.23	4.000	5.000	6.000	7.000	8.000	9.000

工作内容：搬运、绕干、余料清理。　　计量单位：m

定额编号				ED0010	ED0011	ED0012	ED0013	ED0014	ED0015
项目名称				草绳绕树干					
				胸径(mm以内)					
				500	550	600	650	700	750
费用	综合单价(元)			**27.14**	**29.97**	**32.66**	**36.93**	**40.43**	**43.11**
	其中	人工费(元)		13.44	14.88	16.20	18.96	21.00	22.32
		材料费(元)		12.30	13.53	14.76	15.99	17.22	18.45
		施工机具使用费(元)		—	—	—	—	—	—
		企业管理费(元)		0.75	0.83	0.91	1.06	1.18	1.25
		利润(元)		0.41	0.46	0.50	0.58	0.65	0.69
		一般风险费(元)		0.24	0.27	0.29	0.34	0.38	0.40
	编码	名称	单位	单价(元)	消耗量				
人工	000900020	绿化综合工	工日	120.00	0.112	0.124	0.135	0.158	0.175	0.186
材料	023300300	草绳	kg	1.23	10.000	11.000	12.000	13.000	14.000	15.000

工作内容：搬运、绕干、余料清理。　　计量单位：m

定额编号					ED0016	ED0017	ED0018	ED0019	ED0020
项目名称					草绳绕树干				
					胸径(mm以内)				
					800	850	900	950	1000
费用	综合单价(元)				**45.81**	**49.28**	**52.77**	**56.11**	**60.40**
	其中	人工费(元)			23.64	25.68	27.72	29.64	32.40
		材料费(元)			19.68	20.91	22.14	23.37	24.60
		施工机具使用费(元)			—	—	—	—	—
		企业管理费(元)			1.33	1.44	1.56	1.66	1.82
		利润(元)			0.73	0.79	0.85	0.91	1.00
		一般风险费(元)			0.43	0.46	0.50	0.53	0.58
	编码	名称	单位	单价(元)	消耗量				
人工	000900020	绿化综合工	工日	120.00	0.197	0.214	0.231	0.247	0.270
材料	023300300	草绳	kg	1.23	16.000	17.000	18.000	19.000	20.000

D.1.3　搭设遮阴(防寒)棚(编码:050403003)

D.1.3.1　无支撑式

工作内容:制作、运输、搭设、维护、养护期后清除等。　　**计量单位**:株

定额编号					ED0021	ED0022	ED0023	ED0024
项目名称					无支撑式(单体树木)			
					高度(m以内)			高度(m以上)
					1.5	3	5	
费用	综合单价(元)				**16.03**	**29.39**	**72.87**	**154.43**
	其中	人工费(元)			3.00	9.84	28.68	79.08
		材料费(元)			12.72	18.52	41.18	67.05
		施工机具使用费(元)			—	—	—	—
		企业管理费(元)			0.17	0.55	1.61	4.44
		利润(元)			0.09	0.30	0.88	2.44
		一般风险费(元)			0.05	0.18	0.52	1.42
	编码	名称	单位	单价(元)	消耗量			
人工	000900020	绿化综合工	工日	120.00	0.025	0.082	0.239	0.659
材料	323500040	平织网95%遮阳率	m^2	1.10	3.100	12.600	34.900	59.000
	002000010	其他材料费	元	—	9.31	4.66	2.79	2.15

工作内容:制作、运输、搭设、维护、养护期后清除等。　　**计量单位**:$100m^2$

定额编号					ED0025	ED0026	ED0027
项目名称					无支撑式		
					成片灌木	地被植物	绿篱
费用	综合单价(元)				**143.08**	**134.31**	**152.25**
	其中	人工费(元)			13.32	10.92	16.08
		材料费(元)			128.36	122.24	134.48
		施工机具使用费(元)			—	—	—
		企业管理费(元)			0.75	0.61	0.90
		利润(元)			0.41	0.34	0.50
		一般风险费(元)			0.24	0.20	0.29
	编码	名称	单位	单价(元)	消耗量		
人工	000900020	绿化综合工	工日	120.00	0.111	0.091	0.134
材料	323500040	平织网95%遮阳率	m^2	1.10	115.000	110.000	120.000
	002000010	其他材料费	元	—	1.86	1.24	2.48

D.1.3.2 **支撑式(竹棒支撑)**

工作内容:制作、运输、搭设、维护、养护期后清除等。 **计量单位:**100m²

定额编号					ED0028	ED0029	ED0030	ED0031
项目名称					支撑式(竹棒支撑)			
					遮阳网:高度(m以内)			遮阳网:高度(m以上)
					1.5	3	5	
费用	综合单价(元)				**403.04**	**508.97**	**669.54**	**917.48**
	其中	人工费(元)			247.08	342.96	488.28	712.68
		材料费(元)			130.04	130.04	130.04	130.04
		施工机具使用费(元)			—	—	—	—
		企业管理费(元)			13.86	19.24	27.39	39.98
		利润(元)			7.61	10.56	15.04	21.95
		一般风险费(元)			4.45	6.17	8.79	12.83
	编码	名称	单位	单价(元)	消耗量			
人工	000900020	绿化综合工	工日	120.00	2.059	2.858	4.069	5.939
材料	323500040	平织网95%遮阳率	m²	1.10	115.000	115.000	115.000	115.000
	002000010	其他材料费	元	—	3.54	3.54	3.54	3.54

D.1.3.3 **支撑式(钢架支撑)**

工作内容:制作、运输、搭设、维护、养护期后清除等。 **计量单位:**100m²

定额编号					ED0032	ED0033	ED0034	ED0035
项目名称					支撑式(钢架支撑)			
					遮阳网:高度(m以内)			遮阳网:高度(m以上)
					1.5	3	5	
费用	综合单价(元)				**648.75**	**1067.27**	**1492.53**	**1953.65**
	其中	人工费(元)			344.04	708.12	1075.20	1477.56
		材料费(元)			268.62	284.86	304.54	321.09
		施工机具使用费(元)			—	—	—	—
		企业管理费(元)			19.30	39.73	60.32	82.89
		利润(元)			10.60	21.81	33.12	45.51
		一般风险费(元)			6.19	12.75	19.35	26.60
	编码	名称	单位	单价(元)	消耗量			
人工	000900020	绿化综合工	工日	120.00	2.867	5.901	8.960	12.313
材料	170100800	钢管	t	3085.00	0.010	0.014	0.018	0.021
	323500040	平织网95%遮阳率	m²	1.10	115.000	115.000	115.000	115.000
	010302120	镀锌铁丝8#	kg	3.08	22.410	22.410	22.410	22.410
	350301200	对接扣件	个	5.00	0.280	0.370	0.460	0.550
	130500700	防锈漆	kg	12.82	0.870	0.870	1.160	1.450
	350200100	回转扣件	个	2.56	0.460	0.610	0.760	0.910
	050303800	木材 锯材	m³	1547.01	0.005	0.005	0.005	0.005
	030190010	圆钉综合	kg	6.60	1.940	1.940	1.940	1.940
	032102820	直角扣件	个	4.02	1.460	1.950	2.440	2.930
	002000010	其他材料费	元	—	2.11	3.20	4.02	4.80

D.1.3.4 乔灌木防寒防冻

工作内容:缠草绳、包塑料薄膜、材料运输、清理场地。

计量单位:株

定额编号					ED0036	ED0037	ED0038	ED0039	ED0040	ED0041
项目名称					乔灌木防寒防冻					
					胸径(mm 以内)					
					50	100	150	200	250	300
费用	综合单价(元)				**11.38**	**13.61**	**16.91**	**19.15**	**22.32**	**24.69**
	其中	人工费(元)			8.64	9.48	11.28	12.12	13.80	14.76
		材料费(元)			1.83	3.14	4.45	5.76	7.07	8.38
		施工机具使用费(元)			—	—	—	—	—	—
		企业管理费(元)			0.48	0.53	0.63	0.68	0.77	0.83
		利润(元)			0.27	0.29	0.35	0.37	0.43	0.45
		一般风险费(元)			0.16	0.17	0.20	0.22	0.25	0.27
	编码	名称	单位	单价(元)	消耗量					
人工	000900020	绿化综合工	工日	120.00	0.072	0.079	0.094	0.101	0.115	0.123
材料	023300300	草绳	kg	1.23	1.000	2.000	3.000	4.000	5.000	6.000
	020900900	塑料薄膜	m^2	0.45	1.330	1.510	1.690	1.870	2.050	2.230

D.1.4 树体输养、保湿(编码:050403B01)

工作内容:配制营养液(水)、安装、绑扎、固定等。

计量单位:10组

定额编号					ED0042
项目名称					树体保湿、输养
费用	综合单价(元)				**122.03**
	其中	人工费(元)			6.12
		材料费(元)			115.27
		施工机具使用费(元)			—
		企业管理费(元)			0.34
		利润(元)			0.19
		一般风险费(元)			0.11
	编码	名称	单位	单价(元)	消耗量
人工	000900020	绿化综合工	工日	120.00	0.051
材料	322700260	吊针营养袋(1L/袋)	套	4.00	10.000
	322700240	营养液	kg	17.70	3.840
	341100100	水	m^3	4.42	0.120
	002000010	其他材料费	元	—	6.77

D.1.5 树干刷白(编码:050403B02)

工作内容:调制涂白剂、粉刷、清理。 **计量单位**:10株

定额编号					ED0043	ED0044	ED0045
项目名称					树干涂白1m高		
					胸径(mm)		
					100以内	300以内	300以上
费用	综合单价(元)				**40.77**	**58.23**	**151.06**
	其中	人工费(元)			8.40	12.00	24.00
		材料费(元)			31.49	44.97	124.54
		施工机具使用费(元)			—	—	—
		企业管理费(元)			0.47	0.67	1.35
		利润(元)			0.26	0.37	0.74
		一般风险费(元)			0.15	0.22	0.43
	编码	名称	单位	单价(元)	消耗量		
人工	000900020	绿化综合工	工日	120.00	0.070	0.100	0.200
材料	143102110	硫黄粉	kg	9.06	0.700	1.000	3.000
	143103000	氯化钠	kg	1.03	0.700	1.000	3.000
	140101700	动物油	kg	27.35	0.700	1.000	3.000
	040900100	生石灰	kg	0.58	8.800	12.600	20.000
	341100100	水	m^3	4.42	0.040	0.050	0.140

D.2 围堰、排水工程(编码:050404)

D.2.1 围堰(编码:050404001)

工作内容:围堰定位、取土、场内运输、装袋、堆土、夯实。

定额编号					ED0046	ED0047	ED0048	ED0049
项目名称					筑土围堰			草袋围堰
					宽×高(mm)			
					≤1000×800	≤1500×1000	≤2000×1000	
单位					10m			m^3
费用	综合单价(元)				**1873.71**	**2757.51**	**3818.39**	**446.84**
	其中	人工费(元)			963.12	1438.08	1926.36	363.72
		材料费(元)			783.16	1129.16	1637.17	35.00
		施工机具使用费(元)			—	—	—	—
		企业管理费(元)			68.19	101.82	136.39	25.75
		利润(元)			41.90	62.56	83.80	15.82
		一般风险费(元)			17.34	25.89	34.67	6.55
	编码	名称	单位	单价(元)	消耗量			
人工	000900010	园林综合工	工日	120.00	8.026	11.984	16.053	3.031
材料	050100500	原木	m^3	982.30	0.600	0.800	1.200	—
	030190910	扒钉	kg	3.83	10.500	15.800	21.000	—
	030100650	铁钉	kg	7.26	1.000	1.500	2.000	—
	040900900	黏土	m^3	17.48	8.000	15.000	20.000	0.700
	022900500	麻绳	kg	7.52	—	—	—	0.310
	023300110	草袋	m^2	0.95	—	—	—	21.000
	002000010	其他材料费	元	—	6.46	9.72	13.86	0.48

工作内容:木桩钎制作、运输、打桩、截平等。　　　　**计量单位**:组

		定额编号			ED0050
		项目名称			打木桩钎(梅花桩)
费用		**综合单价(元)**			**134.38**
	其中	人工费(元)			46.20
		材料费(元)			82.07
		施工机具使用费(元)			—
		企业管理费(元)			3.27
		利润(元)			2.01
		一般风险费(元)			0.83
	编码	名称	单位	单价(元)	消耗量
人工	000900010	园林综合工	工日	120.00	0.385
材料	052500310	木桩钎 $\phi100\times1500$	根	15.38	5.150
	010302150	镀锌铁丝 $8^{\#}\sim12^{\#}$	kg	3.08	0.450
	002000010	其他材料费	元	—	1.48

D.2.2 排水(编码:050404002)

工作内容:水泵安装、拆除、接、卸吸水管排水等。　　　　**计量单位**:m^3

		定额编号			ED0051
		项目名称			围堰排水
费用		**综合单价(元)**			**6.47**
	其中	人工费(元)			2.76
		材料费(元)			—
		施工机具使用费(元)			3.34
		企业管理费(元)			0.20
		利润(元)			0.12
		一般风险费(元)			0.05
	编码	名称	单位	单价(元)	消耗量
人工	000900010	园林综合工	工日	120.00	0.023
机械	990805020	污水泵 出口直径100mm	台班	104.38	0.032

附　　录

绿化、园林工程术语和定义

一、绿化工程

1.绿化工程:树木、花卉、草坪、地被植物等的植物种植工程。

2.种植土:理化性状良好,适宜于园林植物生长的土壤。

3.种植土层厚度:植物根系正常发育生长所需的土壤深度。

4.客土:更换适合园林植物栽植的土壤。

5.种植穴(槽):种植植物挖掘的坑穴。坑穴为圆形或方形的称为种植穴,长条形的称为种植槽。

6.绿地起坡造型:一定的园林绿地范围内植物栽植地的起伏状况。

7.坡度:坡的高度和坡的水平距离之比。

8.规则式栽植:按规则图形对称配植,或排列整齐成行的种植方式。

9.自然式栽植:株行距不等,采取不对称的自然种植方式。

10.土球:挖掘苗木时,按一定规格切断根系保留土壤呈圆球状,加以捆扎包装的苗木根部,一般土球大小为树木胸径的6~10倍,包装时用草绳等软质包装将根部土球包扎好,使土球不松散。

11.裸根苗木:挖掘苗木时根部不带土或仅带护心土的苗木。

12.胸径:乔木主干高度在1.3m高处的树干直径。

13.干径:地表面向上0.3m高处的树干直径。

14.冠径:又称冠幅,是指苗木冠丛垂直投影面的最大直径和最小直径之间的平均值。

15.蓬径:灌木、灌丛垂直投影面的直径。

16.地径:为地表面向上0.1m高处树干直径。

17.株高:是指地表面至苗木顶端的高度。

18.冠丛高:是指地表面至乔(灌)木顶端的高度。

19.绿篱高:是指地表面至绿篱顶端的高度。

20.分枝点高度:乔木从地表面至树冠第一个分枝点的高度。

21.假植:苗木不能及时栽植时,将苗木根系用湿润土壤做临时性填埋的绿化工程措施。

22.修剪:在种植时对苗木的枝干和根系进行疏枝和短截。对枝干的修剪称修枝,对根的修剪称修根。

23.浸穴:种植前的树穴灌水。

24.古树名木:古树泛指树龄在百年以上的树木;名木指珍贵、稀有或具有历史、科学、文化价值以及有重要纪念意义的树木,也指历史和现代名人种植的树木,或具有历史事件、传说及神话故事的树木。

25.容器苗:将苗木种入软容器(软容器为可降解的材料)中,掩入土中常规养护,移植时连同软容器一起埋入土中。

26.地被植物:具有一定观赏价值,株丛密集、低矮,用于覆盖地面的植物,包括贴近地面或匍匐地面生长的多年生草本、灌木以及藤本植物。

27.攀缘植物:以某种方式攀附于其他物体上生长,主干茎不能直立的植物。

28.花卉:具有观赏价值的草本植物、花灌木、开花乔木以及盆景类植物。

29.行道树:沿道路或公路旁种植的乔木。

30.草坪:草本植物经人工种植或改造后形成的具有观赏效果,并能供人适度活动的坪状草地。

31.绿篱:成行密植,修剪而成的植物墙可用以代替篱笆、栏杆和墙垣,具有分隔、防护或装饰作用。

32.花篱:用开花植物栽植,修剪而成的一种绿篱。

33.植生带:采用一定的韧性和弹性的无纺布,在其上均匀撒播种子和肥料而培植出来的地毯式草坪种植生带。

34.造型修剪:将乔木或灌木做修剪造型的一种技艺。

35.坡面绿化:土壤坡面、岩石坡面、混凝土覆盖面的坡面等,进行绿化栽植。

36.色带:指一定地带同种或不同种小乔木、小灌木及花卉植物配合起来形成的具有一定面积的有观赏价值的风景带。

二、园路、园桥工程

1.园路:公园、小游园、绿地内、庭园内的行人通道、蹬道和带有部分踏步的坡道。

2.园桥:建造在庭园内的,供游人通行兼具有观赏价值的桥梁。

3.树池透气护栅:护盖树穴,避免人为践踏,保持树穴通气的铁箅等构筑。

4.金刚墙:券脚(平桥为桥面)下的承重墙,又叫平水墙或桥墩。梢孔内侧的叫分水金刚墙,梢孔外侧的叫两边金刚墙。

5.碹石和碹脸石:石碹由众多的碹石砌成,其中最外端的一圈碹石叫碹脸石,简称碹脸。

6.驳岸:保护园林水体岸边的工程设施。

三、园林景观工程

1.园林工程:在一定地域内运用工程及艺术的手段,通过改造地形、建造建筑(构筑)物、种植花草树木、铺设园路、设置小品和水景等,对园林各个施工要素进行工程处理,使目标园林达到一定的审美要求和艺术氛围,这一工程的实施过程称为园林工程。

2.园林建筑:园林中供人游览、观赏、休憩并构成景观的建筑物或构筑物的统称。

3.园林小品:指园林建设中的工艺点缀品,艺术性较强。包括堆塑装饰、塑各种动物、雕塑和小型预制钢筋混凝土、金属构件等小型设施。雕塑指适应民间传统工艺装饰的园林小品雕塑,不适应于城市雕塑。

4.园亭:供游人休息、观景或构成景观的开敞或半开敞的小型园林建筑。

5.花架:可攀爬植物,并提供游人遮阴、休憩和观景之用的棚架或格子架。

6.假山:园林中以造景或登高览胜为目的,用土、石等材料人工构筑的模仿自然山景的构筑物。

7.土山点石:模仿大自然土山中,裸露的石块形式,一般成非规则形状态布置,称散兵石;如布置在平地、草丛中,称散驳石。其观赏价值、体量不及景石。

8.置石:以石材或仿石材材料布置成自然露岩景观的造景方法,置石比假山小,又称孤石或峰石。

9.景石:单独存在,非石峰形成的大块石。一般以整块状态存在,其外形为圆形或其他奇异形状,具有观赏价值的石块。

10.叠山:用自然山石或湖石掇叠而成的假山。一般经过选石、采运、相石、立基、拉底、堆叠中层和结顶等工序叠砌而成。

11.塑山:用艺术手法将人工材料塑造而成的假山。

12.园林小摆设:各种仿匾额、花瓶、花盆、石鼓、座凳及小型水盆、花坛、花(树)池等。

四、措施项目

打木桩钎(梅花桩):叠山、驳岸、步桥等项目施工时所采取的基础处理措施。